RUANTU DIJI GONGCHENG DIZHI TEXING PINGJIA
YI FOSHANSHI ZHONGXINCHENGQU WEILI

软土地基工程地质特性评价

——以佛山市中心城区为例

毛绪美 易珍莲 钟晓清 梁广星 杨 鹏 著

CUGP 中国地质大学出版社
ZHONGGUO DIZHI DAXUE CHUBANSHE

内 容 提 要

有效预测软土地面沉降可以为城市建设和规划提供科学依据，也是城市地质环境评价的重要内容。在标准化研究区所有钻孔的基础上，应用GMS软件构建了佛山软土空间格架，基于太沙基渗流固结理论，采用分层总和法预测了佛山市软土地面沉降量。对比两种工况及佛山市中心城区地面沉降现状，说明进行地基处理能大大减小软土地基地面沉降量；未来进行工程建筑时，进行必须的地基处理可以有效减少软土地基地面沉降灾害的发生。利用MAPGIS空间分析功能，对佛山市中心城区工程地质特性进行评价并分区，为城市发展规划提供科学依据。

图书在版编目(CIP)数据

软土地基工程地质特性评价——以佛山市中心城区为例/毛绪美，易珍莲，钟晓清，梁广星，杨鹏著. —武汉：中国地质大学出版社，2010.9

ISBN 978-7-5625-2434-2

Ⅰ.软…

Ⅱ.①毛…②易…③钟…④梁…⑤杨…

Ⅲ.软土地基-工程地质-研究-佛山市

Ⅳ.①TU471.8②P642.13

中国版本图书馆CIP数据核字(2010)第041613号

软土地基工程地质特性评价——以佛山市中心城区为例　　毛绪美 易珍莲 钟晓清 梁广星 杨鹏 著

责任编辑：王凤林　　责任校对：张咏梅

出版发行：中国地质大学出版社（武汉市洪山区鲁磨路388号）　　邮政编码：430074

电话：(027)67883511　　传真：67883580　　E-mail：cbb @ cug.edu.cn

经　销：全国新华书店　　http://www.cugp.cn

开本：787毫米×1 092毫米 1/16　　字数：205千字　印张：8

版次：2010年9月第1版　　印次：2010年9月第1次印刷

印刷：武汉教文印刷厂　　印数：1—1 000册

ISBN 978-7-5625-2434-2　　定价：26.00元

前　言

广东省佛山市是国家城市地质环境调查与评价研究的4个试点城区之一，本书是佛山市中心城区软土地基工程地质特性评价专题研究成果。对城区的软土地基工程地质特性进行评价，是城市环境地质研究的一个重要方面，其有利于评估城市建设区和发展规划区的优越地质环境条件或制约因素，为城市规划发展提供参考。常用的工程地质环境特性评价方法有模糊综合判定法、模糊聚类法、信息量统计法等。这些评价方法仅从地质条件方面进行评价，缺乏利用GIS技术对地质环境空间格局进行描述。本书以佛山软土地面沉降研究为例，基于GMS和MAPGIS对软土地基工程地质特性进行评价，建立研究区域的空间格架，并在此基础上进行空间分析，最终综合得出研究区分区图。

系统收集和整理广东省（或广东省佛山市）自然地理、社会经济与发展规划、地质、构造（含新构造运动）、地质灾害、人工建筑物分布等资料，特别整理了广东省佛山市更新世以来古地理环境的演化过程和已有的软土相关资料。把“以软土为研究对象，从地质环境演化的角度探讨软土沉降规律，并比照人类工程活动引起的沉降”作为工作指导原则。针对佛山市中心城区软土地质灾害问题，依托先期三维地质结构调查，调查评价佛山市中心城区软土的分布及其特性，深入研究因软土固结沉降产生的地质灾害规模与危害状况等，根据地质环境条件、地质灾害现状及危险性，划分适宜发展区、基本适宜发展区及高风险区，从地学角度论证已有城市建设规划的合理性，提出防治软土地基沉降地质灾害的措施和建议。

在标准化研究区所有钻孔的基础上，应用GMS软件构建了佛山软土空间格架，GMS构建的研究区软土分布和厚度与其他方法相比更加形象和直观。以佛山市未来城市发展中工程建筑物为附加应力，选取各层不同的岩土体物理力学参数，以太沙基渗流固结理论为指导，应用分层总和法分别计算了按照建筑地基基础设计规范GB50007—2002的地基处理和不按规范进行地基处理两种工况下软土地面最大沉降量。在获得的GMS三维立体沉降图中就可以查询任何一个地点软土的厚度、力学参数、建筑物附加应力、沉降量等情况，并且可以从不同方向、不同角度查看整个工程区的沉降情况，获得工程区的地下虚拟现实，GMS构建的研究区软土地面沉降情况非常形象和直观。同时，对比两种不同工况后发现研究区软土地基对建筑物的影响明显，佛山市中心城区修建建筑物时必须进行软土地基处理。

由于佛山市中心城区经济发展迅速，城市化进程非常快，人类工程活动对地质环境破坏强烈，要准确查明建筑物沉降历史比较困难，对软土地基沉降的预测有一定的局限性。由于知识水平所限和时间仓促，难免存在诸多错误和不妥之处，请同行和读者不吝指出。在此向引用的主要参考文献的作者们表示衷心感谢，同时也对可能遗漏的参考文献的作者们表示谢意。

作者

2009年12月

目　　录

第一章　软土概论

第一节　软土及其成因类型

一、软土

软土是指滨海、湖沼、谷地、河滩沉积的天然含水量高、孔隙比大、压缩性高、抗剪强度低的细粒土。具有天然含水量高、天然孔隙比大、压缩性高、抗剪强度低、固结系数小、固结时间长、灵敏度高、扰动性大、透水性差、土层层状分布复杂、各层之间物理力学性质相差较大等特点。

不同行业对软土的定义略有不同，如《工程地质手册》(第三版，P475 页)对软土的定义："软土一般是指天然含水量大、压缩性高、承载能力低的一种软塑到流塑状态的黏性土。如淤泥、淤泥质土以及其他高压缩饱和黏性土、粉土等"；我国建设部《软土地区工程地质勘查规范》(JCJ83—91)规定凡符合以下三项特征即为软土：①外观以灰色为主的细粒土；②天然含水量大于或等于液限；③天然空隙比大于或者等于 1.0。有的规范则主要从定量的方面给出软土的定义，如《岩土工程勘察规范》6.3.1 条的定义如下：天然孔隙比大于或等于 1.0，且天然含水量大于液限的细粒土应判定为软土，包括淤泥、淤泥质土、泥炭、泥炭质土等，其压缩系数大于 0.5MPa^{-1}，不排水抗剪强度小于 30kPa；我国铁路部门建议以下列指标作为区分软土的界限：天然含水量接近或者大于液限；孔隙比大于 1；压缩模量小于 4 000kPa；标准贯入击数小于 2；静力触探贯入阻力小于 700kPa；不排水强度小于 25kPa。

二、成因类型

软土按照沉积环境可分为滨海沉积型、湖泊沉积型、河滩沉积型和沼泽沉积型四类。

1. 滨海沉积型

滨海沉积在表层广泛分布一层由近代各种营力作用生成的厚 0～3m 黄褐色黏性土的硬壳，下部淤泥多呈深灰色或灰绿色，间夹薄层粉砂。常含有贝壳及海洋生物残骸。由于河流及海潮的复杂交替作用，而使淤泥与薄层砂交错沉积，受海流与波浪的破坏，分选程度差，结构不稳定，多交错成不规则的尖灭层或透镜体夹层，结构疏松，颗粒细小。

2. 湖泊沉积型

湖泊沉积是近代淡水盆地和咸水盆地的沉积。其物质来源与周围岩性基本一致，为有机质和矿物质的综合物，在稳定的湖水期逐渐沉积而成。沉积物中夹有粉砂颗粒，呈现明显的层理。淤泥结构松软，呈暗灰、灰绿或灰黑色，表层硬层不规律，厚为 0～4m，时而有泥炭透镜体。湖相沉积淤泥软土一般厚度较小，约为 10m，最厚者可达 25m。

3. 河滩沉积型

河滩沉积主要包括河漫滩相和牛轭湖相。成层情况较为复杂，其成分不均一，走向和厚度变化大，平面分布不规则。一般地，软土常呈带状或透镜状，间与砂或泥炭互层，其厚度不大，一般小于 10m。

4. 沼泽沉积型

沼泽沉积一般发育在湖盆和海滩上，在地下水和地表水排泄不畅的低洼地带，因蒸发量不足水淹地面的情况下，喜水植物滋生，经年淤积并逐渐衰退形成的一种沉积物，多以泥炭为主，且常出露于地表。下部分布有淤泥层或与泥炭互层。

不同的沉积环境形成的软土结构各异。土体微结构是指土体颗粒及孔隙的排列、形状、接触关系的组合形式。主要内容包括：①单元体特征，包括结构单元体的物质组成、大小、形状、表面特征等；②颗粒的排列特征，主要反映结构单元体之间的空间关系；③孔隙性，包括孔隙的大小、形状、数量以及连通性等方面；④结构连接，主要指结构单元体之间的相互作用或结合的性质。周翠英和牟春梅(2004)对珠江三角洲软土分布及其结构类型进行了划分，研究表明珠江三角洲海积软土以高孔隙性和结构连接、排列(黏土矿物之间的黏结、黏粒与粉粒之间的连接和排列)为主要特征；根据土体微结构特征，将珠江三角洲软土天然状态下的微观结构划分 5 种类型。

(1)蜂窝状结构。在连续沉积或堆积情况下形成的一种多孔、貌似蜂窝的结构。颗粒接触关系以面—面为主，黏粒粒径为 1～2μm，黏粒含量高，大于 25%。结构疏松，孔隙率高，可达 60%～90%，天然含水量常超过液限。

(2)海绵状结构。黏粒形成的聚集体，以面—面、边—边的接触方式，形成细小而多孔的网状结构。孔隙较均匀地散布在集合体之间，黏粒含量高，大于 30%，结构疏松，强度低。

(3)骨架状结构。黏粒含量高，粉粒含量较低。以粉粒为骨架，构成松散而均匀的多骨架结构，黏粒不均匀地呈薄膜状覆于颗粒表面或在粉粒之间，起黏结作用，孔隙率高。

(4)絮状结构。在珠三角淤泥中发现的一种比较特殊的结构。此种结构的黏粒含量大，黏粒之间以面—面接触，黏土矿物以高岭石为主。黏粒层叠，呈长絮状集合体，具成层性，粉粒独立地散布在集合体周边。孔隙率大，可达 50%～60%。其间的裂隙分布于长絮状集合体间，不均匀。

(5)凝块状结构。黏粒组成的微集合体集成粒径大于 30μm 的团块，粒径之间的接触以面—面为主，粉粒含量较少，散布于团块表面或在团块之间，起黏结作用，常有贯通各团块之间的无定向裂隙发育。结构比蜂窝状稍密。

第二节　软土的工程性质

特定的沉积环境决定了各类软土物质的组成和微观结构，从而形成了软土一系列的特殊性质，最基本的是其“三低三高”特性，即高含水量、高孔隙比、高压缩性、低强度、低渗透性、低固结系数。

软土天然含水量高。软土多呈软塑或半流塑状态，其天然含水量很大，一般超过 30%。山区软土含水量可高达 70%，甚至达 200%。软土的饱和度一般大于 90%，液性指数多大于 1。

软土的孔隙比大，具有高压缩性的特点。软土的压缩系数一般在 0.5～2.0MPa^{-1}之间，最大可达 4.5MPa^{-1}。如其他条件相同，则软土的液限愈大，压缩性也愈大。大部分软土是由磷片状土粒以分散结构或絮凝结构组成的，土的压缩性主要是由于土粒的挠曲、变形和相对滑移而使得土体积的变小所致，具体表现为孔隙中水和气体的向外排出。

软土的透水性很低，其渗透系数一般在 10^{-7} cm/s 数量级上，有的甚至低至 10^{-10} cm/s。因此软土固结需要相当长的时间。当地基中有机质含量较大时，土中可能产生气泡，堵塞渗流通道而降低其渗透性。

软土的抗剪强度很低，并与排水固结程度密切相关。在不排水剪切时，软土的内摩擦角接近于零，抗剪强度主要由内聚力决定，而软土的内聚力值一般小于 20kPa。经排水固结后，软土的抗剪强度便能提高，但由于其透水性差，当应力改变时，孔隙水渗出过程相当缓慢，因此抗剪强度的增长也很缓慢。

软土具有絮凝结构，是结构性沉积物，具有触变性。当其结构未被破坏时，具有一定的结构强度，但一经扰动，土的结构强度便被破坏。当软土中含亲水性矿物（如蒙脱石）多时，结构性强，其触变性较显著。软土具有流变性，其中包括蠕变特性、流动特性、应力松弛特性和长期强度特性。蠕变特性是指在荷载不变的情况下变形随时间发展的特性；流动特性是土的变形速率随应力变化的特性；应力松弛特性是在恒定的变形条件下应力随时间的延长而逐渐减少的特性。土的流变性质受许多因素的影响，在不同的条件下显示出不同的性状。为了尽量准确地预测各种因素对现场土的流变性质的影响，在试验测定上的有关流变性质指标时应尽量符合现场实际条件，避免因条件变化带来不应有的误差。

(1)矿物成分的影响。黏粒含量及其矿物成分对土的流变性质有很显著的影响，黏粒含量愈多，塑性指数愈大，流变性质也愈显著。黏粒含量相同时，含蒙脱石土样的流变性最显著，伊利石次之，高岭石的流变性相对最不显著。

(2)含水量及孔隙水性质的影响。含水量大小对土的流变性具有明显影响，含水量愈大，流变性质也愈显著；孔隙水的性质对土的流变性质影响明显，孔隙水黏性愈大，结合水的黏性也愈大，土的流变性质也愈明显。

(3)应力历史和应力路径的影响。流变土体的变形和强度与时间有关，故现有固结应力作用持续的时间及历史上应力变化过程对以后土的变形和强度也将产生影响。试验研究表明，在同样大小偏应力作用下，平面应变试验和轴对称三轴试验测得的蠕变曲线及破坏时间是不同的，因此土的流变性质受应力路径的影响。

(4)应力大小的影响。当剪应力小于某一值时，土的蠕变现象逐渐减弱，应变速率也随之而逐渐减小，最后趋向于零，而永远达不到破坏，这种现象称为阻尼蠕变。若应力大于某一值时，则产生非阻尼蠕变。

(5)温度的影响。在常规试验中，一般不考虑温度对土的性质的影响。实际上，温度变化时，孔隙水的黏滞性和压力都将发生变化，从而影响土的流变性质。一般说来，温度越高，蠕变速率越大，松弛应力越小。当温度变化很大时，甚至可能使土的蠕变从阻尼型变为非阻尼型。

第三节　软土沉降研究现状

一、城市地质环境研究

近50年来，随着人类文明的进步，世界城市化进程迅速扩张，城市化已经是、将来也是我国社会发展的必然趋势。城市人口急剧增加，使得城市地质环境所受影响和压力与日俱增，与城市土地利用、资源开发、废物处置、环境保护和灾害防治等有关的地质问题日益突出，甚至直接影响和制约着城市的可持续发展。同时，城市的可持续发展需要足够的自然资源（如土地、水、建材及其他矿产资源）作为物质基础。

在城市规划、城市建设、城市安全和城市管理中经常涉及到许多地质、地质环境和地质灾害等问题，这些问题直接或间接与城市地区的基础地质、水文地质条件、岩土工程性质及人类工程活动相关。为解决或减少城市出现的地质问题或灾害，欧美发达国家自20世纪90年代陆续开展了城市及周边地区的地质调查工作，采集多学科地学信息，建立了城市灾害数据库系统，为城市规划、城市建设、城市安全、城市管理与城市防灾减灾打下良好基础。一些发展中国家也相继开展了城市地质灾害、水资源利用与环境地质方面的城市地质调查，对城市土地规划与利用、城市安全和城市发展起到了不可替代的重要作用。

20世纪80年代中期以来，亚洲各国对城市地质工作的重要性认识逐渐提高，各国地质调查机构纷纷开展了与城市地质相关的工作。近10年来，随着现代计算机技术的高速发展，英国、美国、加拿大等国家针对地学资料在城市规划与管理运用中存在的仅有表层的、粗糙的地质资料的缺憾问题，先后开展了新一轮的城市地质调查，不但对原有地学数据进行了更新，而且更加注意其高效实用性和准确性。

鉴于西方发达国家百年来城市化的经验教训，发达国家和大多数发展中国家认识到有必要进行城市地质调查，为城市规划和土地利用规划提供科学依据和指南，以尽量减少城市地质灾害和环境问题，保持国家和城市的可持续发展。因此，作为与经济和社会发展密切相关的城市地质工作，成为了2004年8月在意大利佛罗伦萨召开的第32届国际地质大会的一大亮点，这一现象表明城市地质工作已是国际地质调查工作前沿的一个新领域，而且国际上在国际地科联（IUGS）之下已成立了城市地质工作组（Urban geological working group）。

目前，国外城市地质工作主要体现在以下3个方面。

1. 城市基础地质或城市地质环境背景调查

城市是建立在地质体之上的城市，城市的发展受基础地质背景和地质资源的限制，城市布局、城市地下空间的利用与城市地质构造有关，城市的安全制约于城市地质环境条件，因此要实现城市的可持续发展，必须在详细查明城市基础地质结构和地质资源、构建系统全面的城市地区三维立体地质结构的基础上进行城市的规划，同时，城市基础地质调查是查明与防治地质灾害、建立城市安全体系的基础。

英国较早开展“应用地质填图”计划，在20世纪90年代初期，设立了“城市地学”子项目，已经完成了至少25个城市地质项目。加拿大于20世纪70年代开发了城市地质自动化系统并投入使用，以实现城市中心地区的有序和高效发展，现在已推广到加拿大26个主要城市。美国地质调查局依靠现代填图技术开展了“城市动态填图”项目和“城市地质灾害调查与填图计划”。澳大利亚于1996年实施了“城市项目”，德国于20世纪90年代将工作重点由矿产勘查转向地质环境调查研究，为城市规划建设和地下水利用服务。荷兰进行了基于GIS平台的数字化的各种区域工程地质和环境地质填图工作，大约有200个城镇进行土壤技术质量编图并建立基础地学信息数据库。受1923年大地震造成的毁灭性灾难影响，日本东京政府设立了“城市地质项目”，建立了地质构造数据库。洛杉矶、伦敦和莫斯科等主要城市开展了“地下深部调查和填图项目”，新西兰北岛、泰国曼谷、巴基斯坦卡拉奇、菲律宾马尼拉、印尼雅加达、孟加拉达卡和印度杰伊德布尔等城市也相继开展了城市地质灾害、水资源利用与环境地质方面的城市地质调查，为城市土地规划与利用、城市安全、未来城市的发展起到不可替代的重要作用。

2. 开展为城市地下空间开发服务的区域三维地质结构调查

城市的地下空间利用越来越成为城市规划发展的重要方向，是国际城市发展开发的前缘。然而，传统地质填图不能满足这一需要，开展浅层三维立体城市地质调查是地质工作的必然方向。显然，查明城市及区域三维地质结构，为地下空间开发规划服务；了解城市地下工程条件和工程地质环境安全性，为地下空间设施建设服务；模拟地下开发对地下生态环境的影响，维护城市可持续发展，是地下空间地质调查的主要目标。

3. 以城市地质灾害调查与防治为重点的地质工作

各城市地质背景不同，地质灾害类型不同，调查的重点、调查的方法也不同。俄罗斯开展了莫斯科城市区地下石炭纪灰岩中的喀斯特溶洞形成与发育情况的调查，评价喀斯特溶洞导致的塌陷对城市交通线、城市工业中心、矿山采矿、地下设施规划以及农业的重大影响。美国调查了加里福尼亚州地震带大断裂的活动，日本对东京湾Chiba开发区地震引起的岩石液化、流态化进行了调查研究，墨西哥市北部开展了落石崩塌灾害填图与评估，智利开展了海岸带国土开发环境参数的调查，葡萄牙在考依姆布拉地区进行了降雨与滑坡关系的调查。一些国家或城市也将地质灾害填图与评价作为重要内容，如加拿大自然资源部提出的“城市地质计划”，美国科学基金会推出的“城市研究开创性计划”，英国自然环境研究委员会的“城市改造与环境计划”，美国和巴西若干城市的“地质灾害调查与填图计划”，澳大利亚的“城市社区地质灾害易损性计划”，以及洛杉矶、东京、伦敦和莫斯科等城市的“地下深部调查和填图项目”等。

与国外相比，中国的城市地质调查工作具有一定的计划性。1989年，中国在100余座城市中开展了为城市规划、建设和管理服务的综合勘查、地质论证、供水勘查、工程地质及环境地质勘查等方面的工作，在北海、三亚、秦皇岛、汕头、石家庄、桂林等38个城市开展了为城市规划决策服务的综合评价工作，广东省则完成了广州地区、湛江和汕头地区的相关工作，但目前尚缺少权威性的综合调查研究成果，在城市建设规划、城市地下空间开发与利用、城市地质灾害防治和地质环境保护等方面，缺乏最基本的基础地质资料。

目前，中国制定了城市灾害防治计划和防治目标以及地质环境保护规划，完成了北京、天津、上海等重要城市的环境地质综合勘查评价，计划在2010年前，完成100座重要城市的地质环境保护规划工作。自2004年开始，中国地质调查局与地方政府合作在北京、上海、天津3个直辖市和杭州、南京、广州3个省会城市开展了系统的城市地质调查工作。我国当前阶段城市地质调查主要内容包括城市及周边地区地表地质与地理地貌（区域构造、地层、岩石、古生物、古地理环境等）、地下空间三维地质结构与深部活动构造、地质灾害、地下水资源与质量、环境地球化学、矿产与旅游地质资源和土地开发利用状况等方面的调查，为政府进行城市规划、建设、管理服务。我国前期已开展的6个城市地质调查工作均已取得了初步成果，上海市已初步构建了可视化三维地质结构，北京市完成了奥运场馆地区三维地质结构构建与隐伏断裂调查及其活动性研究、全市垃圾分布调查及其环境影响评价，广州城市地质调查工作也已完成了60%的面积性调查。鉴于城市地质的实用效应，2005年，安徽省合肥市由地方财政单独出资开展了全市城市地质调查工作；2006年，重庆市亦已立项，拟地方财政单独出资6 000万元开展重庆市城市地质调查工作。

二、软土沉降研究

软土的理论研究集中在微观和宏观两个方向。在微观方面，为了阐明软土的特性和内部机理，我国著名学者高国瑞教授出版了专著《近代土质学》。该书以电化学、胶体化学为基础，系统地研究了软土的物质成分及微观结构，并分析了它们对软土工程的影响程度。在宏观方面，沈珠江院士以大量的室内试验资料为基础，对软土的特性尤其是其强度特性进行了系统的研究，全面探讨了软土在不同应力条件下的应力应变关系以及其表现出来的强度特性。研究表明，软土的压缩曲线和剪切曲线都可以分成两段，后一段特性可以从通常的室内试验进行测定，前一段则易受取样扰动的影响，只能通过原位测试方法来确定。

软土对人类工程的主要影响是引起地面沉降。地面沉降是在自然和人为因素作用下，地壳表层土体压缩而导致地面标高降低的一种环境地质现象。地面沉降具有生成缓慢、持续时间长、影响范围广、成因机制复杂和防治难度大等特点，是一种对资源利用、环境保护、经济发展、城市建设和人民生活构成威胁的地质灾害。

现有文献资料表明，1891年墨西哥城最早记录地面沉降现象，但当时由于地面沉降量不大，危害也不明显，所以没有引起人们的重视。20世纪意大利的Ravenna地区发生了大面积的地面沉降，起初沉降不大，每年数毫米，第二次世界大战后，由于过度抽取地下水，以每年110mm的沉降量剧增。美国于1922年最早在加州萨克拉门托San Joaquin流域发现沉降，1920—1969年地下水位下降达137m，累积地面沉降达2.6m，影响范围9 100km^2。至20世纪70年代初期，美国已有37个州因开采地下流体而产生了不同程度的地面沉降现象；至1995年，美国50个州均有地面沉降发生。据统计，目前世界上已有60多个国家和地区发生地面沉降，包括美国、中国、日本、墨西哥、意大利、泰国、英国、俄罗斯、委内瑞拉、荷兰、越南、匈牙利、德国、印度尼西亚、新西兰、比利时、南非等国家。

20世纪20年代初，中国最早在上海和天津市区发现地面沉降灾害，至20世纪60年代两地地面沉降灾害已十分严重。20世纪70年代，长江三角洲主要城市及平原区、天津市平原区、华北平原东部地区相继产生地面沉降；80年代以来，中小城市和农村地区地下水开采利用量大幅度增加，地面沉降范围也由此从城市向农村扩展，在城市上连片发展。同时地面沉降地区伴生的地裂缝加剧了地面沉降灾害。自1921年上海市区最早发现地面沉降以来，至今中国已有90多个城市和地区发生不同程度的地面沉降，到2003年沉降面积达93 885km^2。代表性的地区有上海，天津，浙江的宁波、嘉兴，江苏的苏州、无锡、常州，河北的沧州、唐山、衡水、保定、任丘、南宫，山东的菏泽、济宁、德州，安徽的阜阳，山西的临汾、太原、大同，河南的安阳、开封、洛阳、许昌、郑州，台湾的台北、彰化、屏东等8个县市，陕西的西安，以及北京和松辽平原等。在这些地区中最为突出的是以上海为代表的长江三角洲、以天津为代表的环渤海区和西安等地。

国内外有关地面沉降的预测方法很多，主要有模糊神经网络、灰色理论等。例如王寒梅和唐益群等利用灰色理论建立非等时距 GM(1,1)模型，对上海路家嘴地区因工程环境效应因素引起的地面沉降进行了预测，并和实测数据进行了比较，预测值与实测结果基本相符，具有较好的精度。李涛和潘云等在分析天津市区地面沉降特点的基础上，结合人工神经网络原理，预测了 2010 年天津市区地面沉降的情况。当沉降均匀平稳时，宜采用灰色预测，当沉降波动较大时，宜采用人工神经网络预测。沉降是一个受多方面因素影响的复杂过程，其影响因素与沉降之间存在着复杂的非线性关系，正确选择预测方法和建立相应的模型，对于精确的预测沉降和防止事故的发生显得尤为重要。

软土沉降理论分析的方法主要是理论公式法，它首先确定在荷载作用下压缩土层中应力的增量，然后再采用合适的土的应力—应变关系估算这些力增量所引起的沉降。但由于现有的弹塑性的本构模型不能很好地反映天然软土的规律，必须利用数学分析方法(如有限元法)，它可以计算荷载作用下土中任意一点的应力和应变情况。虽然数值分析方法有一定难度，在工程中未能得到广泛应用，但是，这是软土沉降分析的发展方向。

第四节　研究意义

《佛山市近期建设规划（2006—2010 年）》(粤府[2007]6 号文)明确指出，2010 年佛山市将初步形成紧密联系的组团城市新格局，基本建设成为城市功能完善、产业重点突出、生态环境良好、社会稳定和谐、水乡特色鲜明、历史文化底蕴深厚的现代化大城市。基本形成两个百万以上人口组团和 5 个 30～50 万人口组团的生态组团城市框架，以中心组团新城区和大良容桂组团新城区的建设为重点，加快“2＋5”组团城市建设，以及由以多个组群式节点为发展主体的组团式大城市新格局，形成“簇群模式、多级格局、组团城市”的空间形态，实现“走向网络型、簇群互动与理性发展的城市空间系统”的城市空间规划目标(图 1－1)。建成工业布局合理、

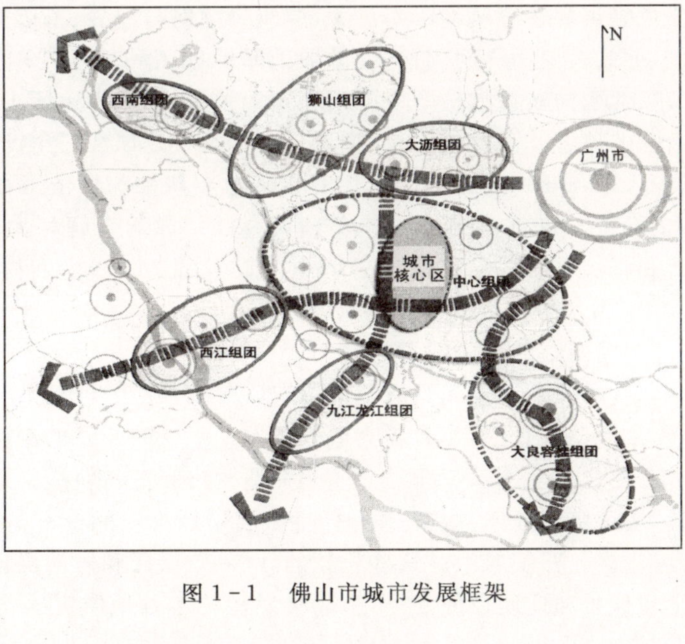

图 1－1　佛山市城市发展框架

先进发达的制造业基地，快速发展以物流业为重点，面向本地优势产业的现代服务业。构筑“二纵二横两环”高速公路系统和“五纵九横三国道七支线”快速干线系统组成的干线公路网，实现以各组团中心为节点的半小时交通圈。同时，大力推进佛山市快速轨道交通网、佛山市境内珠三角城际轨道交通网和铁路网的建设，加快广佛地铁建设，加强佛山与广州道路交通网络的对接，为广佛都市圈的构筑创造条件。随着佛山城市建设的迅速发展，人类活动对地质环境破坏与影响与日俱增，城市环境地质问题日益突出。

一、城市化进程中面临的主要城市地质环境问题

1. 突变性城市地质环境问题影响佛山城市安全

近年来，佛山市地质灾害经常发生，表现在地面沉降、地面塌陷和崩塌、滑坡、泥石流等地质灾害的突变性危害。据不完全统计表明，1991—2004 年之间地质灾害给佛山市人员、农田等造成了较大的危害，其中死亡 16 人、伤 3 人，损坏民房 19 间，损坏农田 5.358 亩，受威胁人员 1 140 人，民房 1 120 间，农田 12.3 亩。2005 年 7 月 12 日，南海九江镇沙口西江大堤出现险情，有 11 栋楼房以及其他建筑相继滑入滔滔西江，其中 6 座是居民楼，塌方面积达2 050m^2。2006 年 4 月 10 日下午，佛山市南海区桂和路扩宽工程现场出现隐伏岩溶塌陷，公路路面很快塌陷进溶洞中，形成了一个面积近 200m^2、深度约 10m 的大洞，塌方一度造成佛山通往广州花都的交通瘫痪。2006 年 8～9 月，佛山就发生崩塌 17 处、滑坡 8 处、泥石流 1 处及地面沉降 1 处，其中 2006 年 8 月 4 日，受“派比安”台风带来的特强降雨影响，国家 4A 级旅游区西樵山发生了旱见的泥石流地质灾害，共造成了 9 人死亡，6 000 多人集中迁移。

2. 地基岩土的复杂性影响高层建筑的建设

佛山地处珠江三角洲西部，西江和北江两岸，一方面分布着大量的第四纪松散沉积物，另一方面北东、北西向断裂构造发育。这些第四纪松散沉积物厚度巨大，分布不均匀，大部分为饱和土，其承载力低，属软弱地基。加上佛山市地下水位高，地层中地下水丰富，对进行软基处理也是不利因素。在这些软弱地基上修建高层建筑和对浅层地下空间进行开发，岩土地质条件并不理想，其主要危害表现在建筑物沉降过大、建筑物倾斜与开裂、基坑失稳、滑移或坑底隆起、桩位偏移或断桩、缩颈及地面隆起问题，而软弱地基的施工和地基处理是岩土工程的主要难题。区内发育北东、北西向断裂构造是块体不稳定的根源，佛山周边历史上有多次破坏性地震发生，是地震较活跃的地区。而且，佛山的禅城－顺德一带是珠江三角洲地区沉降最大的地区，年最大沉降量大于 2.5mm。过去由于人们对地下地质条件和岩土工程条件认识不够，为城市建设埋下了许多隐患。如 2004 年 2 月 3 日南海九江镇潭涌口辉利大酒店对面发生地陷系因河道干枯、河床和堤坝收缩后导致，岭南明珠体育馆就因为处于断裂构造上而被迫修改设计方案。

3. 地下空间开发利用面临的地质环境问题

城市土地资源不足，以及地下空间具有节能、洁净、噪音少、安全等优点，使得地下空间成为重要的自然资源。目前，佛山已初步具备大规模开发地下空间开发的经济能力。根据规划，在广佛地铁的基础上，结合规划的珠三角城际轨道交通网络和广州轨道交通体系，佛山将构筑佛山轨道交通网络。由于佛山处于珠江三角洲地区，浅层地下空间（＜50m）主要处在第四纪松散沉积层或基岩风化层与石灰岩中。这些松软的砂层、软土层和岩溶层，由于其地质环境特殊，容易产生诸多工程地质和地质环境问题，引起突发性的各种地质灾害，如海平面上升与潮

灾、边坡失稳、砂土液化、岩溶水涌出、地面岩溶塌陷、地面不均匀沉降以及软土地基变形等。同时,隐伏的断裂构造也给地下空间的开发利用造成很大限制,甚至会产生严重危害。

二、开展城市地质调查是佛山城市发展的需要

随着社会进步和科学技术的发展,城市化进程不断加快,城市人口迅速增加,城市规模不断扩大,城市对粮食、水资源、建筑材料和能源的需求也日益增大,与城市土地利用、资源开发、地下空间开发、固体废物处置、生态环境保护和地质灾害等问题日益突出,这些问题直接影响和制约着城市的发展。显然,搞好城市规划与发展、解决城市地质环境等问题已成为当务之急,而这些都需要提供详实的城市地质基础资料。因此,客观上需要城市地质调查工作先行。

为贯彻“人口、资源、环境”可持续发展的基本国策,创建和谐社会,保障人们的身心健康,需要开展“以人为本、以人居环境”为主题的城市地质环境条件的调查评价工作,调查评价城市地质资源、城市地质环境及其对城市发展对人类健康的影响,以保证城市建设与人口、资源、环境协调发展。为了从根本上协调和缓解城市经济开发、空间开发与地质环境载体之间的矛盾,使城市向着良性的方向发展,避免或减少城市地质灾害的发生,城市规划者与城市管理者需要了解城市的基础地质、水文地质、工程地质和环境地质特征及其演化规律,以满足城市规划、城市建设、城市安全和城市管理的需要,合理地适应和利用城市的水文地质条件、工程地质条件和环境地质条件,最大限度地利用地质环境条件适宜、基本适宜区,规避高风险区,并予以酌情改造和治理中等风险区,最终使城市管理者对城市的规划、建设做出科学决策。因此,开展佛山城市地质调查是落实城市“科学发展观”的具体体现,也是落实《国务院关于加强地质工作的决定》精神,发挥地质工作为国家和区域经济社会发展服务的先行性、基础性作用的具体体现,也是推进珠江三角洲地区城市化进程、保障珠三角地区城市安全和城市防灾减灾的需要。

佛山市目前还存在诸多的城市地质环境问题,为实现佛山市的城市规划发展目标,构建和谐的城市生态结构,需要尽早开展城市地质调查工作,以了解佛山城市及其外围的地质环境特征与演化规律,合理规划开发、利用、保护和综合治理,有效地抵御人类生存环境的不断恶化。从佛山的城市地质环境和地质资源的实际状况和自然属性出发,探讨佛山城市地质与城市可持续发展之路。

在佛山城市发展和地下空间的开发利用中,对地下地质条件的了解至为重要。必须了解地下地质状况的复杂程度、断裂破碎带展布、地下水位的变化、古河道分布与变迁、松散堆积层与风化层的厚度和软弱地基分布状况等。因此,需要开展工程地质、水文地质、地球物理的调查和评价工作。通过城市立体地质调查工作,建立三维地质结构数据库,可以为正在进行的城市建设和城市地下空间开发规划提供最为直接的服务。

在城市总体规划编制过程中需要详实的地质资料作支撑,地铁、过江隧道和地下商业街等地下空间开发、主干交通规划需要地下三维空间地质结构资料,对于城市土地利用规划和城市环境保护规划需要了解表层水土体、地下水质量与污染状况,城市减灾防灾规划也需查明地质灾害的空间分布,城市突发性事件的快速处理需要地质资料作支撑。这样,佛山市原有的城市地质资料已不能满足现有城市规划与建设的需求,因此,开展佛山城市地质调查是佛山城市规划、建设和管理的需要。

佛山市是广东省第三大城市,居住人口几百万。各种城市地质问题日益突出,如地面沉降、地面塌陷、崩塌和滑坡,水资源短缺、水土流失,粗放式的工业化生产和垃圾不合理堆放造

成城市水土严重污染，环境严重恶化，加上人类活动已强烈地参与到自然地质作用之中，从而使佛山城市地质环境问题日益突出。佛山市北东和北西向断裂构造发育，历史上有多次破坏性地震发生，佛山周边是地震活动较活跃的地区。挽近时期，区内仍有不同形式和不同程度的潜在构造活动，如广从断裂与沙湾断裂缓慢蠕变、西江断裂的断陷及广三断裂的走滑等。在城市建设中多次穿越大断裂破碎带，造成施工困难或者安全事故，人类工程也将增大诱发地震的可能性。这就要求我们需要进一步加强对新构造运动尤其是断裂构造活动性的调查研究。总之，防患各种地质灾害，构筑城市安全体系，需要城市地质工作来提供基础技术方面的支撑。

随着人民生活水平的提高和现代科学技术的迅速发展，人们对自己生活质量的要求也相应地提高。人民群众对自己居住的城市建设与居住区越来越关注。加上因城市迅速发展带来的环境恶化，如水土污染和引发的灾害特别是地质灾害，使得人们普遍比较关注自己生存环境的质量和安全。因此，地质环境的安全已成为企业家和市民投资的决策依据，最简单的例子就是市民在选购商品房时已开始考虑其地下的地质结构是否稳定了。这就出现了社会公众对周围环境信息特别是地质信息的需求。为了满足这一需求，有必要进行城市地质数据库的建设，构建城市地质信息系统，充分体现以人为本的环境知情权。

城市化是产业革命和经济发展的必然结果，人类社会的可持续发展重点和关键在城市，为保持其可持续发展，城市必须要有足够的地质环境容量和质量来给予支撑。城市是建立在地质体上的城市，因此，城市地质工作是在城市及其周边地区或城市潜在发展地区的特定空间范围内，综合考虑各种地质要素，研究其对城市发展所提供的地质环境与资源，评价其促进因素和制约条件以及城市发展对其产生的影响，为城市规划、建设和管理服务的地质工作。城市地质工作的目的就是查明城市的地质环境条件和地质资源状况，建立起三维可视化城市地学信息管理与服务系统，补充和建立“数字佛山”、“数字城市”和“数字广东”，达到为城市规划、建设、管理和可持续发展提供基础性的地质信息服务和决策平台。

开展城市地质调查不仅是一项查清佛山市地质环境和自然资源家底的重要工作，而且是通过对佛山市的地质、环境和灾害进行详细调查和监测及对地质数据进行多学科综合与研究的基础上，可以从根本上协调和缓解城市土地资源开发、地下空间开发与地质环境载体之间的矛盾，使之向良性方向发展，可以为城市的建设与发展提供基础性、先导性与科学性方面的支撑与服务。因此，佛山城市地质调查是为城市规划、城市建设、城市管理和城市安全提供科学依据的一项迫切的、必要的基础性工作，对高标准推进佛山城市现代化建设、将佛山建成现代化大城市具有非常重要的意义。

第二章　区域地质环境

第一节　自然地理

一、基本概况

佛山市位于广东省中部偏西，珠江三角洲腹地，地处东经 112°23′01″～113°23′10″，北纬 22°38′45″～23°34′33″。佛山市东倚广州，西接肇庆，南连珠海，北通清远，毗邻港澳。水陆空交通便利，高速公路、主干公路四通八达，广湛铁路经过市内，水路网络纵横，航运便捷，已形成一个公路、铁道、河运齐备，辐射力强的现代交通网络。

图 2-1　佛山市地理位置示意图

佛山市市域面积 3 848.49km²，常住人口数量达到 612 万人，其中户籍人口总量达到 357 万人，人口密度 1 590 人/km²，辖禅城、南海、顺德、三水和高明 5 个区，36 个镇(街道办)，786 个村(居)委会。佛山市为广东省重要的工业基地之一，目前已形成了以家用电器、光机电一体化、电子信息集装备制造、陶瓷及其他材料、纺织服装、金属材料加工与制品、塑料制品、化工、医药、食品饮料、家具用品制造等优势行业为主体的发展格局。广东美的、格兰仕、科龙、北电通信、健力宝及佛山普立华、佛山塑料、陶瓷、照明、华新包装、杜邦鸿基、海天调味、顺达电脑、溢达纺织等大型企业(集团)拥有雄厚的经济和技术实力,在国内同行中保持领先地位。高新技术产业迅速成长,初步形成以电子信息、数码光学、环保家电和设备、生物工程、新材料等行业为主导的高新技术产业群。

农业以蔬菜、花卉种植和塘渔、禽畜养殖业为主。全市各区镇均有各自的特色农业,如顺德陈村镇的花卉,三水区的白鸭,三水大塘镇的冬瓜、白菜,三水迳口的韭菜花,高明更合镇的葛粉,高明三洲黑鹅等名声大噪,饮誉海内外。

矿产资源丰富,富含花岗岩、石灰岩、油页岩、盐岩、膨润土、石膏、天然气、二氧化碳气、煤、铁、锰、金、银、铅、锌等,其中富湾银矿是国内目前发现的最大的独立银矿床,银储量规模达超大型。

二、地形地貌

佛山市现辖禅城、南海、顺德、高明和三水五区,其"2+5"组团被确定为佛山市城区,其中的中心组团、大良容桂组团为中心城区,面积为723km²。中心城区主体为北江、西江三角洲平原,海拔高度一般小于5m,多在1.2～4m,河汊众多,堆积层厚度大,沉积物细小。平原中零星分布的基岩山丘海拔高度小于100m,坡度15°以下,风化层较厚,达15m以上。在北部有小面积的残留台地,顶部海拔高度20～40m,浑圆低平,风化层厚。地势总体较为低平,起伏较小,以平原为主,其间零星分布有丘陵残丘以及残留台地。

第二节　气象水文

一、气象

佛山市属南亚热带季风海洋性气候,温湿多雨,夏无酷暑,冬无严寒。年平均气温22.7℃,最高气温39.2℃,最低气温0.7℃,年无霜期平均为363天;年平均日照时间为1 841.1小时。

当地降雨充沛,多年平均年降雨量为1 678.7mm,最大年降雨量为2 220.2mm(2001年),最小年降雨量为1 326.8mm(2004年),降雨集中分布在3～10月,5～8月为雨量最大,降雨量占全年的80%左右。多年平均年蒸发量为1 567.3mm,一般夏秋高温期蒸发量大,冬春蒸发量小。年均相对湿度为76.3%,干旱指数1.05。

本区春季至初秋盛行偏南风,秋季至冬末盛行偏北或偏东风。5～10月为台风季节,占全年总数的90%以上,以7月份出现台风最多,强热带气旋年平均1～4次,风力一般为6～9级,最大风速25.8m/s。根据《中华人民共和国公路自然区划图》,本区属华南沿海台风7区。

本区自然灾害有热带气旋、暴雨、洪涝、寒潮、低温阴雨和强大对流天气等,夏季洪涝和夏秋台风是主要的灾害性天气。

二、水文

区内河流纵横交错,珠江水系中的西江,北江在市内通过,属北江及西江下游河网区。其中三水区有西南涌、曲河、芦苞涌、刘寨涌、乐平涌、左岸涌;南海区有平洲水道;禅城区有佛山水道和东平水道;顺德区有甘竹河、马宁水道、东海水道、容桂水道、顺德水道、潭州水道等;高明区有沧江河及其 15 条支流横贯全区东西，汇入流经本区的西江。工作区内河流交错，河网密布，但因河道迂回曲折，流速缓慢，使得泄入河中的污水上下徘徊，污染相当严重。区内水系具有径流大，汛期长、洪峰高、含沙量低、洪涝灾害严重等特点。每年 4～9 月份为汛期，主要洪水期分别在农历三月底（头造水）、四月（四月水）、五月（龙舟水）、七月（慕仙水）与八月（中秋水）。由于受台风大潮影响，以五月和八月两次为大。北江汛期洪水径流量为 13 100m^3/s，径流变率 261 倍；西江汛期洪水径流量达 40 770m^3/s，径流变率 81.8 倍；三水思贤窖汛期洪水径流量高达 52 100m^3/s，造成水位暴涨暴落，危及堤围及人民财产安全。

第三节　地层与构造

一、地层

佛山市中心城区范围内的地层发育不全，以大面积的第四系出露为特征，南华系、石炭系、白垩系、古近系零星出露。前第四纪地层的划分沿革见表 2－1。

表 2－1　佛山市中心城区前第四纪地层划分沿革表

<table>
<tr><th>沿革
地质年代</th><th>1∶200 000 区调
（1963—1965 年）</th><th>中南地区
区域地层表
（1974）</th><th colspan="2">广东区域
地质志
（1982）</th><th>广东省岩石地层
（1996）</th><th>1∶250 000 广州市、江门市幅区调
（2000）</th><th>本 书</th></tr>
<tr><td rowspan="4">古近纪</td><td rowspan="4">丹霞组</td><td>西樵山群</td><td colspan="2">华涌组</td><td>华涌组</td><td>华涌组</td><td>华涌组</td></tr>
<tr><td>西南组</td><td colspan="2">宝月组</td><td>宝月组</td><td>宝月组</td><td>宝月组</td></tr>
<tr><td>丹霞群</td><td colspan="2">坾心组</td><td>坾心组</td><td>坾心组</td><td>坾心组</td></tr>
<tr><td></td><td colspan="2">莘庄组</td><td>莘庄村组</td><td>莘庄村组</td><td>莘庄村组</td></tr>
<tr><td rowspan="4">白垩纪</td><td rowspan="4"></td><td>大塱山组</td><td colspan="2">大塱山组</td><td>大塱山组</td><td>大塱山组</td><td>大塱山组</td></tr>
<tr><td rowspan="3"></td><td colspan="2">三水组</td><td>三水组</td><td>三水组</td><td>三水组</td></tr>
<tr><td rowspan="2">百足山群</td><td rowspan="2">白鹤洞组</td><td>白鹤洞组</td><td>白鹤洞组</td><td>白鹤洞组</td></tr>
<tr><td>百足山组</td><td>百足山组</td><td>百足山组</td></tr>
<tr><td rowspan="3">石炭纪</td><td>壶天群</td><td>船山群＋黄龙群</td><td colspan="2">壶天群</td><td>壶天群
（船山群＋黄龙群）</td><td>壶天组</td><td>壶天群</td></tr>
<tr><td>测水段</td><td>测水段</td><td colspan="2">测水组</td><td>测水组</td><td>测水组</td><td>测水组</td></tr>
<tr><td>石磴子段</td><td>石磴子段</td><td colspan="2">石磴子组</td><td>石磴子组</td><td>石磴子组</td><td>石磴子组</td></tr>
<tr><td>南华纪</td><td></td><td></td><td colspan="2"></td><td>大绀山组</td><td>大绀山组</td><td>大绀山组</td></tr>
</table>

南华系：主要出露于容桂镇东，仅见大绀山组（Nh_1d）。下部岩性为变质砂岩、石英岩，夹含砾砂岩；中部为变质细砂岩及粉砂岩；上部为变质细砂岩、凝灰岩或灰岩、钙质砂岩夹碳质页岩，含微古植物。

石炭系：主要出露于蟠岗及其周围，出露面积小，仅有测水组出露，石磴子组和壶天群隐伏于第四系之下。石磴子组(C_1s)在升平等地的第四系之下有分布（钻孔资料），主要岩性为深灰、灰黑色中—厚层状灰岩、局部夹黑色页岩，含腕足类化石。测水组(C_1c)主要岩性为砂质页岩、砂岩互层，夹砂砾岩、含砾砂岩、铁质砂岩、碳质页岩及煤，含植物化石及腕足类化石；壶天群(C_2H)在西约等地的第四系之下有分布（钻孔资料），主要岩性是浅灰白、淡红色厚层状灰岩、白云质灰岩，下部夹角砾状灰岩。

白垩系：出露零星、分散。主要分布于平洲、陈村、大良等地，为一套陆相红色碎屑沉积，自下而上由粗—细—较粗组成两个大的沉积旋回，可划分为4个组级岩石地层单位。百足山组(K_1b)出露于平洲镇的林岳，陈村镇的西淋岗、南涌、碧桂园，大良镇的红岗、顺峰山、小黄圃等地，为一套杂色的较粗的碎屑岩和火山碎屑沉积岩，主要岩性为暗红、淡红色复成分砾岩、砂砾岩、含砾砂岩、砂岩、粉砂岩、粉砂质泥岩，含少量凝灰质，产叶肢介化石。白鹤洞组(K_1bh)出露于平洲镇东的中区、东区等地，在北窖等地第四系之下有较广泛分布，为一套碎屑岩，以紫红色粉砂岩、泥质粉砂岩、粉砂质泥岩为主，含少量砂砾岩、砂岩，普遍含石膏层，产叶肢介化石。三水组(K_2ss)小面积出露于平洲的平东、平西、平南等地，岩性为紫红色复成分砾岩、砂砾岩、含砾砂岩、细砂岩、粉砂岩、泥岩，夹石膏层，含脊椎动物化石。大塱山组(K_2dl)地表未出露，在叠南、镇安、夏南等地第四系之下有较广泛分布，岩性上部为褐红色粉砂质泥岩、粉砂岩，深灰色泥岩夹玄武岩、含砾砂岩；下部为紫红、褐红色砾岩、砂砾岩夹泥岩。

古近系：出露于石湾、罗村、南庄等地，为一套陆相碎屑和火山碎屑沉积，可分为4个组级岩石地层单位。莘庄村组(E_1x)地表未出露，在永安、桂城等地第四系之下有分布，为一套下粗上细的红色地层，上部为暗紫红色含钙质泥岩、粉砂岩、砂岩，夹微层石膏；下部为砖红色砾岩，含砾长石砂岩。坾心组($E_{1-2}b$)地表未出露，在敦厚—祖庙—城南、石硝—道教等地第四系之下有广泛分布，上部为灰色泥岩夹薄层状粉砂岩；中部为灰色薄层状含钙质泥岩，夹泥灰岩；下部为青灰色，风化紫红色含钙质泥岩，含微层石膏，产介形虫化石。宝月组(E_2by)在石湾镇的江湾、大沙，罗村镇沙坑等地有小面积分布，在澜石、乐从、荷村、新隆等地第四系之下有广泛分布，为一套红色碎屑岩，岩性为紫红色砾岩、砂砾岩、含砾砂岩、砂岩、粉砂岩与泥岩不等厚互层，含介形虫。华涌组(E_2h)零星分布于罗村镇的芦塘、下柏，张槎镇的王借岗，南庄镇的紫洞、紫南等地，在南庄镇的堤田、吉利、贺丰等地第四系之下有广泛分布，为一套位于宝月组之上的碎屑岩和火山岩，纵向上以火山岩为标志细分两个部分，下部为紫红色砂砾岩、砂岩、粉砂岩与火山碎屑岩、流纹岩、粗面岩、玄武岩互层或互为夹层，上部为黄褐色砂砾岩、含砾砂岩、粉砂岩、泥岩互层。

第四系：第四纪松散沉积物广泛分布于三角洲平原区，成因类型以河口三角洲沉积为主，岩相岩性及沉积物厚度多变，共分3个组6个段1个层（表2-2），由中晚更新世的白坭组、晚更新世的礼乐组和全新世的桂洲组组成。

侵入岩分布零星，出露面积小，形成于奥陶纪、三叠纪及白垩纪，以二长花岗岩为主。奥陶纪侵入岩($O_1\eta\gamma$)见于顺德顺峰山、马岗、容桂一带，在顺峰山被早白垩世百足山组不整合覆盖，岩性主要为片麻状细粒斑状（含斑）黑云母二长花岗岩。晚三叠世侵入岩($T_3\eta\gamma$)仅分布于陈村西淋岗，被早白垩世百足山组不整合覆盖，岩性为中（细）粒斑状黑云母二长花岗岩。早白垩世侵入岩($K_1\gamma$)仅分布于容桂镇容里，侵入于早南华世大绀山组，岩性为细粒斑状黑云母花岗岩。

表 2-2　第四纪地层划分沿革表

地质年代 世	地质年代 期	南海海洋研究所(1978)		黄镇国李平日(1989)	海洋地质研究所(1987)	1∶50 000广州市等六幅区调(省区调队,1989)	广东省岩石地层(1996)		1∶250 000广州市(2001)、江门市幅区调(2003)、1∶50 000顺德市、番禺县幅区调(2006)		本书	
全新世	晚	桂洲组		灯笼沙组	桂洲组	灯笼沙组	中洲群	灯笼沙组	桂洲组	灯笼沙段	桂洲组	灯笼沙段
	中			万顷沙组		万顷沙段		万顷沙段		万顷沙段		万顷沙段
				横栏组		横栏组		横栏组		东升层		东升层
										横栏段		横栏段
	早			杏坛组		杏坛组		杏坛组		杏坛段		杏坛段
更新世	晚	礼乐组	风化层	三角组	民众组	三角组	礼乐群	三角组	礼乐组	三角层 / 西南镇段	礼乐组	三角层 / 西南镇段
				西南组		西南组		西南镇组				
				石排组		石排组		石排组		石排段		石排段
	中			白坭组		白坭组				白坭组		白坭组

火山岩主要见于罗村镇下柏、张槎王借岗、南庄镇紫洞等地,为白垩纪—古近纪的中基性—碱性的火山岩系。晚白垩世火山岩见于陈村镇潭村一带钻孔中,为大塱山组的火山岩夹层,据钻孔剖面研究证实,有两次以上的喷发,岩性主要为深灰色、灰绿色玄武岩,橄榄拉斑玄武岩及少量灰绿色安山岩,安山质凝灰岩。古近纪火山岩仅出露于罗村镇下柏、张槎王借岗、南庄镇紫洞等地,产于华涌组中,主要岩性为次碱性橄榄玄武岩。其他大部分见于钻孔中,从早至晚分别夹于坾心组、宝月组及华涌组内,以华涌组中最为发育,所见岩性主要为粗面岩和玄武岩以及相应的火山碎屑岩。

二、构造

佛山市中心城区的构造格局以北东向构造带为主,北西向断裂带次之,东西向和南北向断裂带较少发育,图 2-2 给出了主要断裂的基本情况。

构成恩平-新丰断裂带南段的广从断裂带在区内表现为一组北东向的断裂,大部分隐伏于第四系之下,主要断裂有石碣-罗村断裂、山紫断裂、蟠岗西断裂、蟠岗东断裂、五眼桥断裂和广从断裂。

石碣-罗村断裂分布于罗村—王借岗一带,向南延伸,总体走向 20°～35°,倾向北西或南东,倾角 40°至直立,多被第四系覆盖,仅零星出露于古近纪红层中,构造岩带由构造角砾岩和硅化岩组成,断裂两侧岩石有压碎和片理化现象,次级裂隙及节理发育。山紫断裂走向 10°～25°,倾向北西,倾角 45°～50°,隐伏于第四系之下,据钻孔剖面揭示,该断层发育于古近纪红层中,在佛山市升平商场、佛山宾馆附近钻孔中见有断裂破碎带分布,为正断层。蟠岗西断裂分布于蠕岗西约村—电视塔—澜石—藤冲—水藤一带，总体呈 15°～20°方向展布，倾向北西，倾角 40°～80°，下盘为石炭系测水组，上盘为白垩系白鹤洞组，表现为由硅化构造角砾岩和硅化岩相间组成的构造岩带，宽大于 65m，单条宽 15～25m。据蠕岗山西侧钻孔资料，在深 357～600m 处石炭纪壶天群灰岩中，见宽度大于 30m 的构造角砾岩，在南海大道与佛平路交汇处钻孔中见上石炭统壶天群（C_2H）灰岩与上白垩统大塱山组（K_2dl）褐红色粉砂岩、泥岩断层接触，并有石英脉沿断裂带贯入；在佛山电视塔广场钻孔中揭露到该断裂破碎带；在佛山市一环路 325 立交主线桥西端钻孔中也揭露到破碎带构造岩，钻探时严重漏水。蠕岗东断裂由蠕岗东约村—湾头村—龙江镇向西南方向延伸。走向约北东 25°，倾向南东，倾角陡，断层隐伏第四系之下，据钻孔揭露，构造岩以构造角砾岩为特征，在古近纪红层中，断面上有油气逸出。广佛地铁工程地质勘察中在海八路聚龙村附近钻孔中见硅化断层构造岩，在东约村见硅化角砾岩，在湖景路与季华路交汇处附近钻孔中见断层破碎带，岩层近于直立，并见有擦痕和石英细脉贯入。五眼桥断裂分布于五丫口大桥—石硝—湾华一带，向南延伸，走向约北东 20°，断面较陡，为压扭性断裂。断层隐伏于第四系之下，在五丫口大桥附近见破碎带宽度约 200m，白鹤洞组灰岩和红色粉砂质泥岩被挤压破碎形成构造角砾岩；在南沙附近的钻孔中基岩破碎，有基性岩脉沿破碎带贯入，钻探施工中有漏水现象。广从断裂分布于平洲—西淋岗一带，向南延伸，在西淋岗见宽约 60m 的断裂破碎带，走向约 30°，倾向北西，倾角 58°，为压扭性断裂，大部分隐伏于第四系之下，在现龙围南附近的钻孔中见基性岩脉顺破碎带贯入。

北西向断裂带有西江断裂、沙湾断裂和上涌-王借岗断裂。西江断裂分布于龙津—勒流—容桂一带，成组分布，多隐伏于第四系之下，为三水盆地西缘边界，该断裂总体呈 320°～340°方向展布，倾向北东，倾角较陡。地表零星可见断层角砾岩，宽约 5m，为正断层。据物探资料证实，布格重力异常沿西江方向，为一正负异常转换带。沙湾断裂分布于陈村—平洲一带，区域上属于炭步-大沥大断裂的北西段，断裂多为第四系覆盖，地表于石炭系及古近纪红层中零星出露，主要见硅化岩带，一般宽 5～20m，局部见断层角砾岩或片理化带，地貌上呈正地形突起。上涌-王借岗断裂分布于上柏—王借岗—上华—南沙一线，隐伏于第四系之下，控制了下柏、王借岗古近纪的火山喷发活动。在上华钻孔中和大罗南钻孔基岩中揭示其裂隙发育，岩芯破碎，岩芯可见滑动擦痕。

东西向断裂为石硝断裂，由电视塔广场沿季华路至石硝向东延伸，隐伏于第四系之下，据钻孔资料，该断裂为白垩系与古近系的分界。

南北向断裂为石湾断裂，分布于石湾一带，走向近南北向，北段倾向东，倾角 50°，南段倾向西，倾角 30°，长约 3km，发育于始新统宝月组红层中，大部分为第四系覆盖，断裂北段见含砾粉砂质细砂岩和杂色砾岩被切割，断距为 3m，为正断层。

研究内新构造活动的特征主要表现为断块活动，受几条规模较大的活动性断层所控制，以北东向的广从蠕岗-石碣断裂、北西向的沙湾-西江断裂及东西向广三断裂的继承性活动为特征，具体表现为：广从断裂以西、广三断裂以北、古碣断裂以西所控制的里水隆起区，近年来上升幅度为 1.03～1.8mm/a；广从断层南东、北西相邻于佛山沉降区的西江沉降，近年来沉降幅度为 2.5mm/a；广从断层南东、北西相邻于佛山沉降区的西江沉降区沉降幅度为3.53mm/a。

研究区地处华南地震区东南沿海地震带的中部，地震活动具有“频度高，震级低”的特点。据记载，公元 1045 年以来在珠江三角洲地区小地震不断，达 400 余次，其中在佛山范围内发生有感以上地震达 30 多次，能够根据有关资料确实震中的有 12 次。根据《广东省地震强度区的划图》(1990 年版),评估区位于地震基本烈度Ⅵ～Ⅶ度区范围,设防烈度为Ⅵ～Ⅶ度。设计基本地震加速度 0.05～0.10m/s^2。

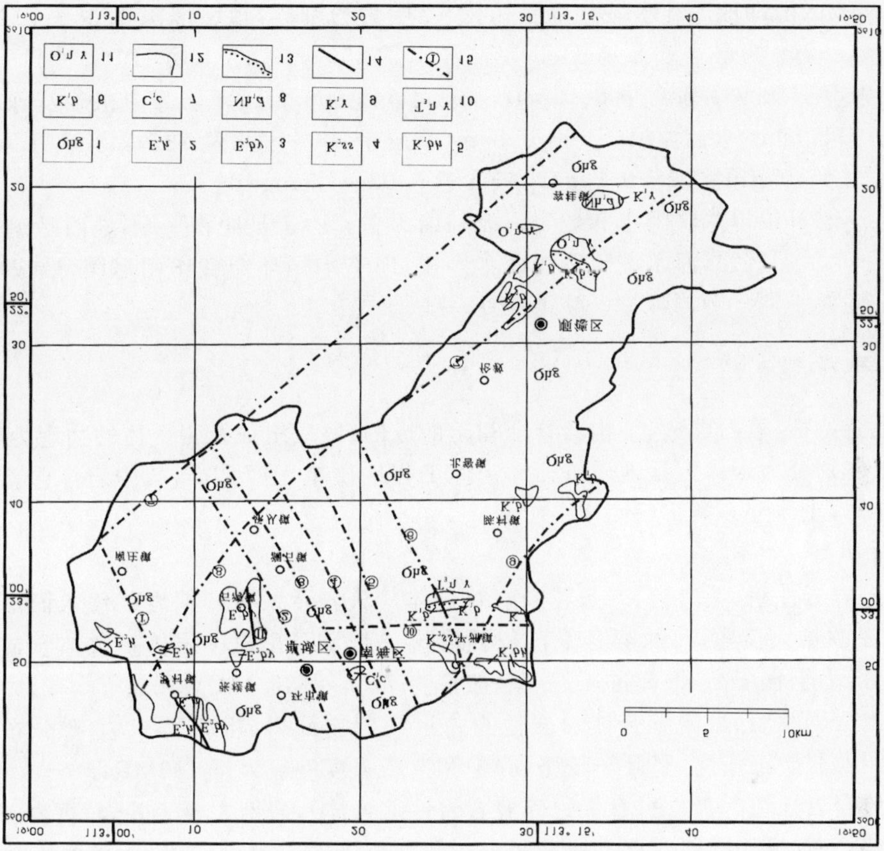

图 2-2　佛山市中心城区断裂构造纲要图

1. 全新世桂洲组;2. 始新世华涌组;3. 始新世宝月组;4. 晚白垩世三水组;5. 早白垩世白鹤洞组;6. 早白垩世百足山组;7. 早石炭世测水组;8. 早南华世大绀山组;9. 早白垩世花岗岩;10. 晚三叠世花岗岩;11. 早奥陶世花岗岩;12. 地质界线;13. 不整合地质界线;14. 实测断裂;15. 隐伏断裂及其编号:①石碣-罗村断裂;②山紫断裂;③蠕岗西断裂;④蠕岗东断裂;⑤五眼桥断裂;⑥广从断裂;⑦西江断裂;⑧上涌-王借岗断裂;⑨沙湾断裂;⑩石硝断裂;⑪石湾断裂

第四节　水文地质与工程地质

一、水文地质

研究区大部分为珠江三角洲平原地区,河网发育,第四系分布广泛。地下水水位浅,岸边地带受潮流影响,海水入侵严重,形成大片咸水区。

区域含水层为第四系的粉细砂、细粗砂及砂砾石,厚度为 1.5～5.0m,局部可达 15m,有 1

～2层，上层颗粒较细，下层较粗。其中，禅城区附近含水层顶面埋深0.00～12.93m，水位埋深0.30～1.50m，承压及微承压，单井涌水量438～737m^3/d，属HCO_3·Cl－Ca、Na型水，矿化度0.40～0.74g/L，铵含量0.60～6.00mg/L。禅城区以西部分地区地下水属SO_4·Cl－Na、Ca型水。禅城区南部地区含水层具双层结构：上层为粉细砂，顶面埋深4.26～10.15m，水位埋深0.54～1.00m，为潜水或微承压水，单井涌水量65～169m^3/d，属HCO_3·Cl－Na、Ca型水，矿化度0.3～1.0g/L，铵含量8～9mg/L，最大可达60mg/L；下层为中粗砂及砾砂石，顶面埋深18.19～32.59m，水位埋深0.59～2.55m，承压水，单井涌水量78～143m^3/d，属HCO_3·Cl－Na、Ca型水，矿化度0.2～0.28g/L，铵含量0.02～1.6mg/L。

区域地下水补给以大气降水和地表河流补给为主。由于是冲积平原，地面平坦，地下水埋深较浅，地下水径流缓慢，海水潮流形成海水入侵，地下水循环交替作用迟缓，形成咸水区，咸淡水界线在南海平洲—顺德陈村—顺德大良一线。

二、工程地质

根据地貌特征、岩石建造、结构面特征和土的成因、物质组成及岩土体的物理力学性质，研究区内岩土体划分为岩体工程地质单元和土体工程地质单元两大类，其中岩体包括6个岩性组8种综合体，土体分6类10种。

1. 岩体类型

(1)侵入岩岩性组(花岗岩、二长花岗岩综合体)，该岩性系指各期岩浆侵入而形成的各类花岗岩，仅在顺德大良顺峰山、容桂及陈村西淋岗一带零星出露。岩体呈整体状或巨型块体状，裂隙发育，力学强度高，饱和抗压强度一般值为77.6～137.1MPa。

(2)喷出岩岩性组(熔岩综合体)，岩性为古近纪的玄武岩、粗面岩等，主要分布在南海罗村、南庄紫洞及张槎王借岗，坚硬—较坚硬，饱和抗压强度一般大于100MPa。

(3)碎屑岩岩性组(南华纪、石炭纪碎屑岩岩性综合体)，岩性主要为砂岩、页岩、石英岩、细砂岩、砂砾岩等，仅见于顺德容桂及桂城岗山东侧。岩石的完整性较好，力学强度较高。新鲜砂岩饱和抗压强度为111.8～199.6MPa，软化系数为0.87～0.93，微风化砂岩的饱和抗压强度为43.5～110.5MPa，软化系数为0.57～0.93，中等风化砂岩、砂砾岩饱和强度为32.4～134.9MPa，软化系数为0.57～0.8。

(4)红色碎屑岩岩性组(中厚层状红色碎屑岩岩性综合体)，为白垩纪—古近纪较坚硬—软质层状(红层)碎屑岩。岩性为砾岩、砂砾岩、砂岩、粉细砂岩及泥岩，夹石膏细—微脉，主要分布在石湾、南海罗村、平洲及顺德陈村、北滘、大良一带。结构面主要为层理，岩石完整性较好，构造变动少，裂隙中等发育。岩体呈块体、柱体及薄板体。部分砂砾岩较坚硬至坚硬，泥岩易龟裂和崩解。莘心组钙质泥岩中夹生物泥质灰岩，化石层溶蚀后易形成小溶洞。华涌组在罗村下柏马头岗一带形成较多冲沟和滑坡。岩石的饱和抗压强度为1.1～98.4MPa，变化范围比较大，软化系数为0.22～0.95。

岩石饱和抗压强度：微风化砂岩$f_r \geqslant 10$MPa，微风化泥岩$f_r \geqslant 7$MPa，中风化砂岩$f_r = 2 \sim 10$MPa，中风化泥岩$f_r = 1.5 \sim 7.0$MPa。

(5)碳酸盐岩岩性组(纯碳酸盐岩综合体)，为石炭纪坚硬层状碳酸盐岩，主要有石磴子组及壶天群。岩性为灰岩夹少量碳质页岩，仅分布于南海桂城蟠岗山两侧。结构面主要为层理、节理、溶隙等，后者延展性差。岩石以微风化为主，力学强度较高。岩溶较发育，其上覆残积土层、土洞发育，是地质灾害多发区。新鲜岩石的饱和抗压强度为 52.3～129.8MPa。

(6)混合岩片麻岩岩性组(混合岩片麻岩岩性综合体)主要为南华纪的坚硬块状区域变质岩，包括混合岩、混合花岗岩、片麻岩及变粒岩等，主要分布于顺德容桂一带。岩体呈整体块状或厚层状，裂隙发育，多闭合、无充填，延展性较差，裂隙率为 10%～30%。岩石坚硬，饱和抗压强度为 68.4MPa。

(7)煤层(软硬相间薄—中层状含煤碎屑岩岩性综合体)，由石炭纪煤系地层组成，岩性以细砂岩、页岩、泥岩、粉砂岩、砂砾岩等为主，夹劣煤和碳质页岩等。主要分布在南海桂城蟠岗山东南部霄岗附近，面积小。一般砂岩、砂砾岩力学强度高，属较坚硬—坚硬岩石；泥岩、碳质和煤则节理和构造裂隙发育，易风化和软化，工程地质性质差。

(8)膏岩(软硬相间层状含膏盐红色碎屑岩岩性综合体)，由白垩纪　古近纪地层组成，大部分埋于残积土和第四纪沉积土之下。岩性以粉砂岩、砂砾岩、泥岩、细砂岩、钙质泥岩为主，夹灰岩、泥灰岩、石膏等。主要分布于禅城、桂城、陈村等地，钙质岩石、石膏易溶蚀而改变原岩的结构，溶孔、溶沟发育。据粉砂岩、泥岩、砾岩、石灰岩等岩石力学试验，抗压强度均较低，其中新鲜砂砾岩力学强度最高，风干抗压强度为 94.1MPa，软化系数为 0.70。

2. 土体类型

(1)碎石土：碎石土多分布于紫洞—勒流北西向河口湾第四系底部。多埋藏于砂性土下，常以底砾层与黏性土、砂性土组成多层结构土体。岩性多为砾砂、圆砾、卵石，少量为泥质砾石、黏土质卵石、砂砾石等。具大孔隙、强透水、力学强度高等特点。压缩模量平均值为15.52MPa，内聚力(c)平均值为 20.75kPa。

(2)砂土：分布广泛，有砾砂、粗砂、中砂、细砂、粉砂和含砾粗砂等。除河漫滩局部地段裸露外，大部分地区埋藏于其他土组之下或夹于其中。松散—密实状，透水性强、易压实，摩阻力较黏性土大。物理力学性质和强度与粒度、密度、含水量等有关。第四系上部松散—稍密的粉砂组强震时易产生液化。

(3)黏土：主要分布于第四系顶部的硬壳层，中部有 2～3 层黏性土，局部地区底部有硬可塑—硬塑白色、灰白色黏性土。包括冲积、洪积、海积和河口冲海积的黏土、粉质黏土、粉土、砂质黏土、砂砾质黏土、薄层状黏土和黏土包砂等，局部夹薄层状或透镜状砂性土。其分布或裸露地表，或埋藏于淤泥类土、易液化砂土、砂性土之下。土的物理力学性质变化与成因、物质成分、含水量等关系密切，一般是新沉积土、含砂或砾少的、含水量大者，土的压缩性高，力学强度低。据黏性土原状土样试验，含水量普遍较高，孔隙比较小。含水量为 10%～48%，压缩模量一般 3～13MPa。允许承载力值一般为 100～300kPa。老黏土多硬塑—坚硬，力学性质较好。

区内可见膨胀土。膨胀土是指黏粒成分主要由强亲水性矿物组成，液限 $W_L > 40\%$，且胀缩性能较大的黏性土，其自由膨胀率 $F_s \geq 40\%$。区内膨胀土按成因可分为第四纪沉积土和基岩风化土两大类：沉积膨胀土主要分布在南海罗村、紫洞一带，在自然条件下，多呈硬塑或坚硬状态，具黄、红、白等色相间组成的花斑色；基岩风化膨胀土主要分布罗村务庄、下柏等边坡地段，罗村红层台地上分布的膨润土矿具有膨胀性。

(4)淤泥：广泛分布于第四系中，见 1～4 层。岩性以海冲积淤泥、淤泥质土为主，少量淤泥质砂、砂质淤泥、泥炭土和软黏土。此类土含有机质、腐殖质，多呈深灰—灰黑色，饱和—过饱和，流塑—软塑状，具亲水性强、透水性弱、高压缩性、含水量大且大于液限和孔隙比大于1.0、易触变、承载力低等特点。

(5)风化残积土：包括风化残积黏性土和风化残积砂土。自晚更新世以来，本区地壳处于较稳定状态，以活动断裂为界的断块，发生阶段性缓慢升降运动；加之本区属于亚热带海洋性气候，长年高温多雨，使岩石和土层常处于干湿交替的环境，因此化学和物理风化作用强烈，形成了厚度变化大(1～20m)、分布广的风化土体。根据分化土母岩的差异分为以下4个风化土岩性综合体。

花岗岩风化土：见于顺德大良顺峰山、容桂、陈村西淋岗南侧，岩性主要为砂质黏性土和砾质黏性土，它的物理力学性质与该母岩的岩性关系密切，母岩中含石英颗粒愈多，则风化土压缩模量愈小，常为低—中压缩性土。厚度为1～5m，呈硬塑—可塑状态。压缩模量为1.19～10.08MPa，标准贯入N=7.7～30.0。

变质岩风化土：见于顺德容桂、大良顺峰山等地，风化土厚度一般为1～3m，局部大于3m。岩性为含砾黏性土，亚黏土和轻亚黏土。地表土样的塑性状态为硬塑，压缩模量小，为高压缩性土。钻孔土样，可塑—硬塑，为中压塑性土。压缩模量(E_s)为2.73～10.37MPa，标准贯入N=16.3。

碎屑岩风化土：见于顺德容桂及桂城蟠岗山东侧。地表出露的风化土，厚度一般1～4m，局部大于4m。风化土主要为黏土和亚黏土，可塑—硬塑，属低—中压缩性土。压缩模量为3.11～13.98MPa，标准贯入N=21.9。

红层风化土：分布较广泛，主要见于石湾、南海罗村、平洲及顺德陈村、北滘、大良一带。地表出露的风化土厚度一般为1～10m，局部大于10m。红层风化土的形成与发育与母岩岩性关系密切，尤其是颗粒组分，矿物成分，胶结物等，直接影响到风化土的厚度和岩性。如以砾岩、砂砾岩为主的粗碎屑岩，软化系数为0.412～0.718，属软化岩类，土化程度高，岩性多为含砾亚黏土、轻亚黏土。以泥岩为主的黏土岩类，颗粒微细，结构较紧密，成分单一，软化系数为0.572，属软化岩类，成土作用较差，岩性多为黏土。压缩模量为2.37～12.99MPa，标准贯入N=6.0～30.0。

(6)人工填土：主要分布于城镇及公路沿线，厚度一般为1～3m。岩性因其来源不同而各异，多为风化残积土、强风化岩、全风化岩、砂砾、建筑灰碴等。这些填土或覆盖于构筑物之下，或出露地表，土的压缩性高，力学强度低。部分高填路基和构筑物边坡容易被雨水冲刷形成冲沟和滑坡。

第三章　研究区软土基本特征

本书讨论的软土指天然孔隙比大于或等于1.0,且天然含水量大于液限的细粒土。包括淤泥、淤泥质土(淤泥质黏性土、粉土)、泥炭、泥炭质土等,压缩系数一般大于0.5MPa^{-1}、OCR一般小于1的欠压密土,不排水抗剪强度小于30kPa。研究区分布有多层厚度不均的软土,在本章中将从地质环境演化的角度探讨研究区软土的基本特征。

第一节　研究区第四纪古地理演化

古气候的变化,常常引起沉积环境的变化。不同的沉积环境形成不同的古地理,在不同的古地理环境中,形成的沉积物的粒度、岩土性、结构、构造、密实程度等各异,导致其工程地质特性各异。

研究区自更新世以来经历了相对频繁的气候波动。黄镇国等(1982)认为自晚更新世后期以来的气候变迁有过3次冷期及其间的3次暖期;李平日等(1991)认为自中更新世以来具多次冷暖气候周期性变化,近2000年以来,具60年中周期和10～12年的短周期。根据孢粉分析反映的古气候和历史时期记载的气候变化,加上热带、南亚热带木本植物花粉含量与中、北亚热带和暖温带木本植物花粉含量比值温度变化半定量曲线综合分析发现,自中更新世以来,第四纪气候经历了凉干—暖湿—凉湿—热湿—凉干—暖湿—热湿—热湿—炎热—热湿这样一个过程。

气候波动的结果显示在区域海平面的变化上,黄镇国等(1982)认为珠江三角洲自晚更新世以来存在3次海侵。龙云作等认为珠江三角洲晚更新世以来发生两次海侵。陈俊仁等则认为,晚更新世以来南海北部发生3次海侵。综合前人资料可以划分为:①中更新世海平面变化不能以现今的出露高度来反推当时的海平面高度。由现在年代测定和化石硅藻分析推知,56万年前海平面较低,33万年前达到最高高度,32万年前开始下降,31万年下降较为显著,28.7万年前又有所回升,21.8万年前后则已明显下降。②晚更新世海进主要发生在距今3.3～1.9万年的晚更新世中期后段(Q_3^{2-2}),该时期海平面比现今低10～20m,距今2.5万年前后是海进盛期,海平面也较高,距今1.9万年以后,海平面下降,海水逐渐从广州地区退出。③全新世海平面呈逐渐上升趋势,早期(距今5000年以前)海平面上升较快,晚期(距今5000—2500年)海平面上升速度较慢,晚全新世海平面已基本稳定。目前尚无“高海平面”的确切证据。

气候波动,海平面变迁,区域第四纪古地理演化主要有:

(1)晚更新世初期:中更新世末期至晚更新世初期,地壳有较大幅度的抬升,河流下切,河床相堆积层抬升,在北江中、上游形成Ⅱ级阶地。在岗美、贺岗和白坭一带的中更新世海陆交互相沉积层和乐平一带的中更新世沉积物也被抬升,形成漏斗湾沉积阶地。随后,进入地壳相对稳定时期。除西江、北江前伸和侧蚀摆动，而存留有零星的垅岗和台地。其余地区则发生剥蚀、风化，致使广花平原和珠江三角洲大部分地区的中更新世沉积物被剥蚀和搬运。

(2)晚更新世中期前段：晚更新世中期前段，区域中部和南部开始缓慢下沉，在原来的溶蚀洼地和谷地里沉积了1～8m的冲积、洪积砂砾，它们为河流相或河漫滩堆积的产物。冲积、洪积作用主要发生在本地区较大河流谷地和中部万顷洋洼地。形成了风化剥蚀区和洪积坡积区。地面起伏较大，为洼地和岭谷相间地形，平原尚未连成一片。

(3)晚更新世中期后段：进入晚更新世中期后段，全球气温的回升和海平面上涨，导致地貌发育从原来以冲洪积和洪积坡积作用为主转为海积冲积和冲积。海进是这一阶段地理环境演变的主导因素。当时海水沿各水道向北入侵，下游河谷转化为河口湾，中、上游河谷则范围不断扩大。近河口段受潮流影响成为三角洲环境。

(4)晚更新世晚期的海退及其对地理环境演变的影响：晚更新世晚期为全球性低海面时期。随着海水的退出和侵蚀基准面的下降，河流作用加强。由于气候转冷，机械作用风化作用加剧，大量碎屑物质沿谷地和坡麓堆积，低洼处和谷地内普遍堆积了冲积、洪积砂砾层。由于径流减少，河谷上游由晚更新世中期后段的冲积变为冲洪积。

(5)早、中全新世海进及其影响：继晚更新世末的低海面时期之后，随着冰后期的全球性气温回升，全新世初期已开始一个新的海进过程。北部由于古地形较高，早全新世海平面尚较低，海进尚未全面波及。冰后期的湿润多雨气候有利于河流发育和流水侵蚀—堆积，故北部地区的下全新统冲积层和冲洪积层也有较好的发育。说明当时的地貌主要是冲积平原和冲洪积倾斜平原。中全新世气温比早全新世高，海平面继续上升，海水进一步深入。海进固然是这个时期地理环境演变的主导因素，但新构造运动的作用也不容忽视。

(6)晚全新世海面基本稳定与平原加积扩展：晚全新世初期(距今2500—2000年)海进仍未完全停息。晚全新世中期海平面已基本稳定，海进完全停止。地理环境已与现今无大差异。山前洪积倾斜平原略有下切。南、中部地壳轻微沉降，潮流与径流共同淤填河口湾，三角洲平原不断扩展和加积。河道日益淤高缩窄，边滩扩展，江心洲涨及并岸，陆域增加，水面缩小，河汊如织。气候与中全新世无大差异，但人口大增。动植物种类因人类活动发生很大改变，地理环境演变进入一个人为作用日益占有重要地位的崭新时期。

第二节　软土发育与分布特征

一、第四系分布特征

整理前人第四系厚度及分布资料、本次研究的大量钻孔资料后发现，佛山市中心城区第四系厚度分布不均，厚度从数米至40多米不等(图3-1)。沿顺德—伦教—乐从—南庄堤田一线第四系较厚，两侧沉积的第四系厚度表现出递减的趋势，显示了这一线为研究区第四系主沉积带，对比佛山市中心城区断裂构造纲要图(图3-2)，这一线正好与上涌-王借岗断裂的位置吻合，显示了研究区第四系沉积受构造控制的特征，上涌-王借岗断裂带为研究区的沉积带。

从佛山市中心城区第四系等厚线图(图3-1)还可以看出，研究区内第四系分布极不均匀，大部分区域覆盖有10～30m厚的第四系地层。其中最厚处达45.9m，位于乐从新隆附近。

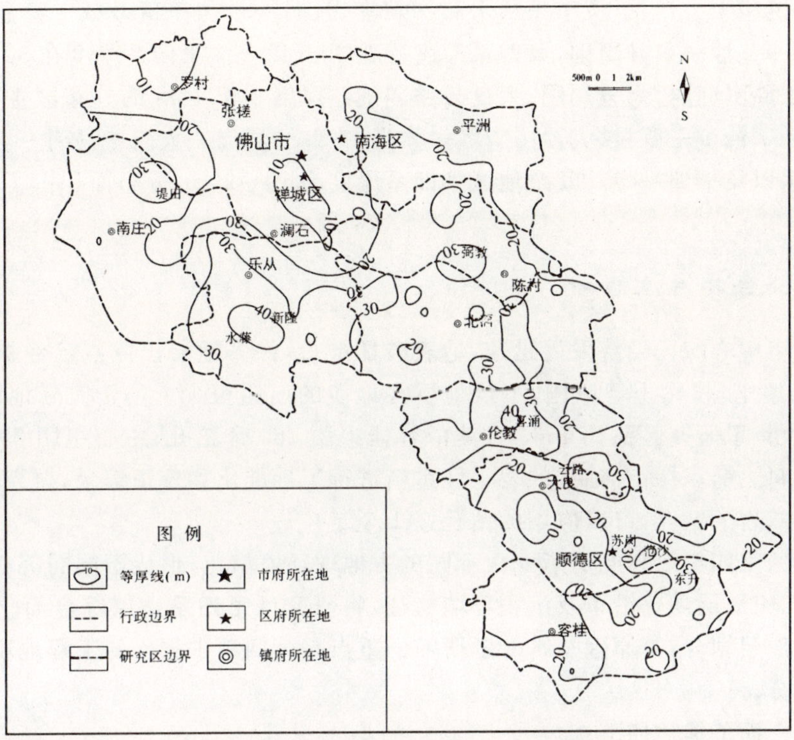

图 3-1 研究区第四系等厚线图

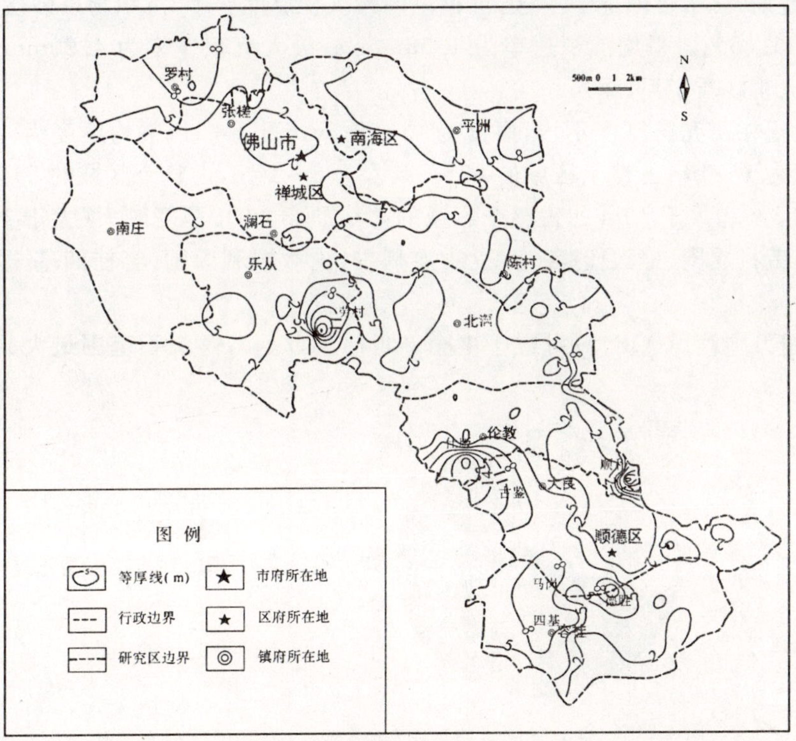

图 3-2 研究区第一层软土(灯笼沙段淤泥)等厚线图

研究区有3个沉积中心：一个位于乐从水藤—新隆周围，一个位于伦教镇—喜涌周围，一个位于顺德区苏岗—范沙—东升周围，第四系厚度皆在30m以上。第四系厚度在30m左右的区域还有：南庄堤田周围、陈村弼教周围、大良云路周围。厚度小于10m的分布区主要在下柏—务庄—紫洞、联和—沙坑—罗村、大沙—青河—黎涌、古鉴—红岗—大门—马岗—容桂、三桂—都宁、石洲—林岳以及平洲一带。其余地区第四系厚度为10～20m，分布面积占了整个研究区近一半的面积。

二、各层土性与厚度分布

由于佛山市中心城区经济发展迅速，地表破坏严重，许多地层出露点已经被建筑物覆盖；或者表层人工填土、耕作土等原因，下伏地层在地表的出露很少。基于实际地面调查的局限性，本项目共收集了研究区钻孔466个，其中容桂组团169个钻孔，中心组团297个钻孔。使用这些钻孔资料之前，对所有钻孔的岩土性重新进行了标准化和校正编录，摒弃了没有打穿整个第四系直到基岩的钻孔，可以应用的钻孔241个。

由于研究区第四纪以来经历了6次不同的古地理环境演化，形成不同的沉积物，根据前人研究成果、第四纪地层划分沿革及沉积环境特征，将研究区第四系地层综合简化为6层，同时对应于第四纪地层划分，其原因是本专题研究的重点是第四系中软土的工程地质特性，而不是专门的地层划分。

各地层自上而下描述如下：

(1)桂洲组灯笼沙段(Qh^{dl})(本书也称第一层软土)：对应于晚全新世时期(Q_{43})，海侵影响并未结束，中晚期，海水逐渐退出本区，沉积范围和沉积厚度变小，沉积物以砂质黏土和淤泥为主，压缩率为11.35%。平均沉积速率为1.58mm/a，最大沉积速率为4.20mm/a。主要岩性为粉砂质黏土、粉砂质淤泥、泥炭。

第一层软土在研究区厚度不均，厚度为0～28.6m(图3-2)，平均厚度为4.27m，其中大部分地区厚度为1～5m，占整个区域的63%；其次为5～10m，占整个区域的24%；小于1m的占整个区域的8%和大于10m的占整个区域的5%(图3-3)，厚度较大(大于10m)的区域主要分布在乐从劳村周围、伦教仕版—大良古鉴周围、伦教顺利周围、容桂四基—马岗—德胜周围4个地区。

(2)桂洲组万顷沙段(Qh^{w})：对应于中全新世时期(Q_{42})，是沉积范围最大的时期，平均沉

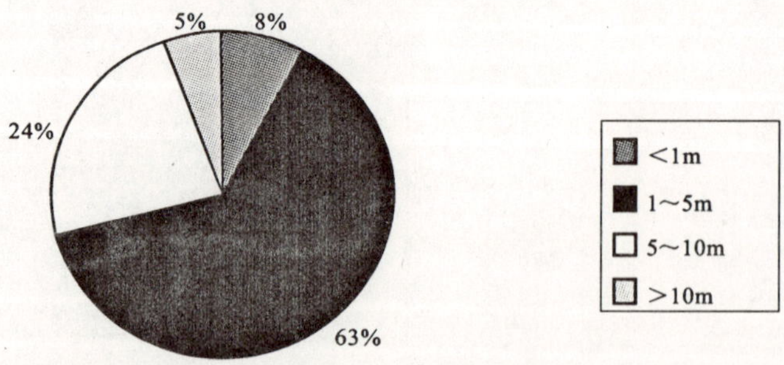

图3-3　研究区第一层软土(灯笼沙段淤泥)厚度分布比例

积厚度为 3.79m。本时期沉积在白坭河谷及南部广大地区以海积冲积的淤泥、淤泥质砂和砂质淤泥为主，此外在官窑水、流溪河等以砂质黏土和中粗砂为主，沉积厚度相对较薄。沉积物的压实率为 38.11%，平均沉积速率为 1.05mm/a，最大沉积速率达 6.05mm/a。主要岩性为中细砂、淤泥质粉细砂、粉砂质黏土。

(3)桂洲组横栏段(Qh^{hl})(本书也称第二层软土)：对应于早全新世时期(Q_{41})，以冲积、洪积作用为主。本时期的沉积范围比晚更新世晚期大，反映全球低海平面后海平面回升，海侵界线逐渐向北推移。其沉积物以砂质黏土、黏土质砂为主，压实率为 11.53%，其平均沉积速率为 1.38mm/a，最大沉积速率达 5.27mm/a。主要土性为淤泥、淤泥质黏土、淤泥质粉细砂，富含腐殖质、蚌壳及海相生物碎屑。

第二层软土在研究区厚度不均，厚度为 0～39.4m(图 3-4)，是区域主要软土层，平均厚度为9.16m，其中大部分地区为 5～15m，占整个区域的 44%；其次为小于 5m，占整个区域的 37%；厚度为 15～20m 的占整个区域的 11%和大于 20m 的占整个区域的 8%(图 3-5)。厚度较大(＞15m)的区域主要分布在南庄堤田、乐从苏地周围、北滘西北部—陈村西北部、伦教霞石周围、伦教顺利周围、大良范沙—容桂小黄圃周围 6 个地区。

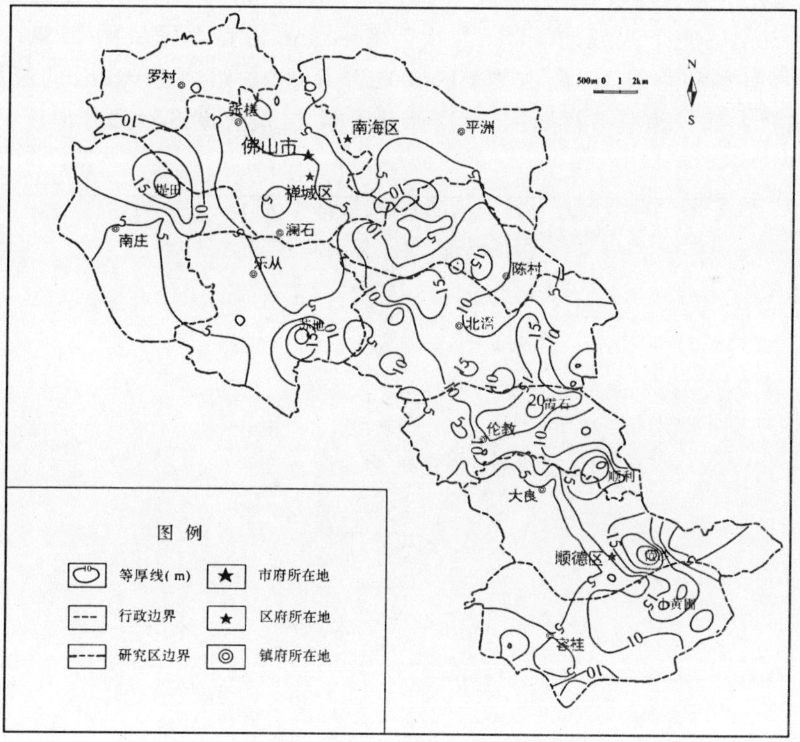

图 3-4 研究区第二层软土(横栏段淤泥+黏土)等厚线图

(4)桂洲组杏坛段(Qh^{xt})：对应于晚更新世晚期(Q_{33})，为冲洪积阶段，沉积厚度较薄，平均为 4.85m。最大沉积厚度为 21.53m。沉积物以砂砾为主，压缩率可以忽略不计，平均沉积速率为 0.81mm/a，最大沉积速率为 3.6mm/a。主要土性为砂、砂砾、含砾黏土质砂。

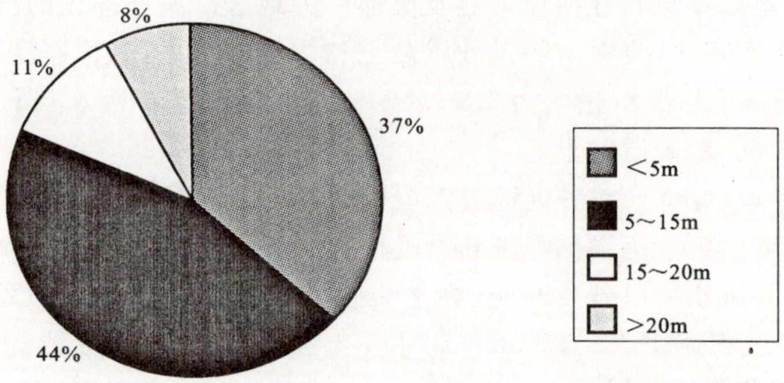

图 3-5　研究区第二层软土(横栏段淤泥＋黏土)厚度分布比例

(5)礼乐组三角层段(Qp^{sj})＋西南镇段(Qp^{x})(本文也称第三层软土):对应于晚更新世中期后段(Q_{32}^{2})。沉积物以砂质黏土、黏土为主。压缩率较大,压实率约为43.6%,平均沉积速率为0.90mm/a,最大沉积速率为2.45mm/a。主要土性为花斑状杂色黏土、砂质黏土(三角层段Qp^{sj});灰、灰黑色砂质黏土、黏土、黏土质粉砂(西南镇段Qp^{x})。

第三层软土在研究区厚度不均,厚度为0~22.3m(图3-6),平均厚度为9.16m,其中大部分地区为1~5m,占整个区域的46%;其次为5~10m,占整个区域的31%;厚度大于10m的占整个区域的16%和小于1m的占整个区域的7%(图3-7),大于10m的区域主要分布在平洲镇周围、陈村大都—北滘莘村周围、容桂德胜周围、以及大良五沙部分地区。

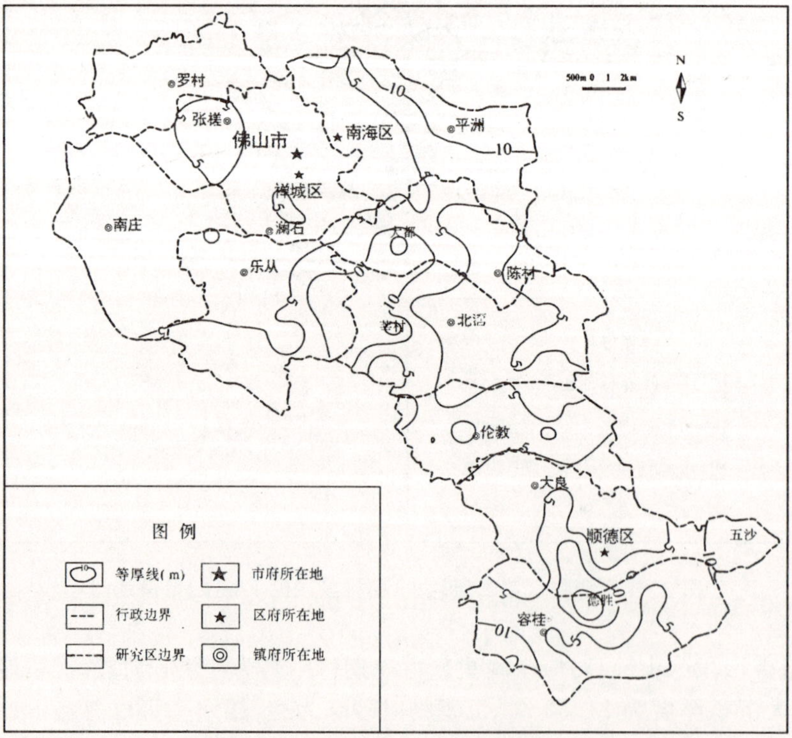

图 3-6　研究区第三层软土(三脚层＋西南镇段砂质黏土)等厚线图

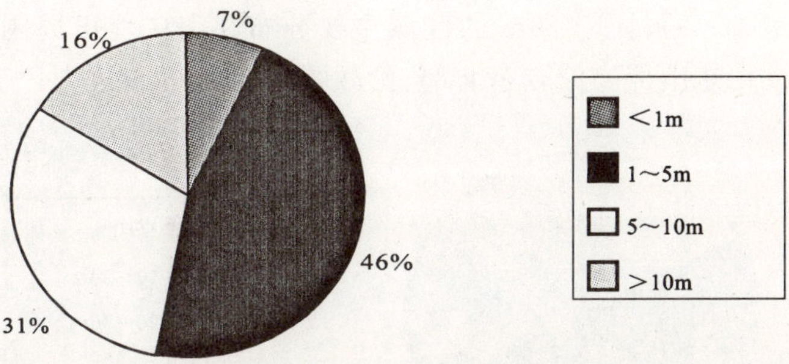

图 3－7　研究区第三层软土(三脚层＋西南镇段砂质黏土)厚度分布比例

(6)礼乐组石排段(Qp^{sp})＋白坭组(Qp^{bn}):对应于晚更新世中期前段(Q_{32}^{1}),本期最大沉积厚度为 23.27m,平均沉积厚度为 5.67m。顶板海拔高程为－12～－20m。本时期沉积以独立的低洼地充填作用为主,沉积物多为砂砾,压缩率很低。其平均沉积速率为 0.28m/a,最大沉积速率为 1.16mm/a。主要岩性为灰、灰黄色砂、砂砾、黏土质砂(礼乐组石排段 Qp^{sp});棕红、土黄色卵石、砾石、粗砂(白坭组 Qp^{bn})。

将所有的软土合在一起,就可以得出研究区软土的总厚度分布(图 3－8)。软土在研究区厚度不均,厚度为 0.5～39.4m,平均厚度为 13.27m,其中大部分地区为 10～20m,占整个区域

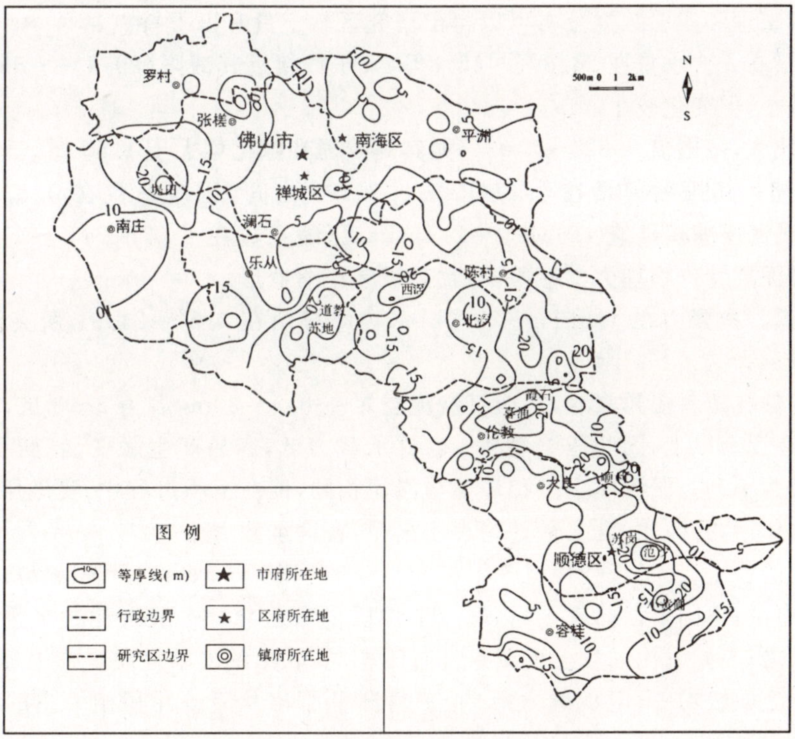

图 3－8　研究区软土总厚度等厚线图

的 49%；其次为小于 10m，占整个区域的 33%；20～30m 厚的占整个区域的 15%和大于30m的占整个区域的 3%(图 3-9)，大于 20m 的区域主要分布在南庄堤田周围、乐从道教—苏地周围、北滘西滘周围、北滘东南部—伦教东北部、伦教顺利周围、大良范沙—容桂小黄圃等地。

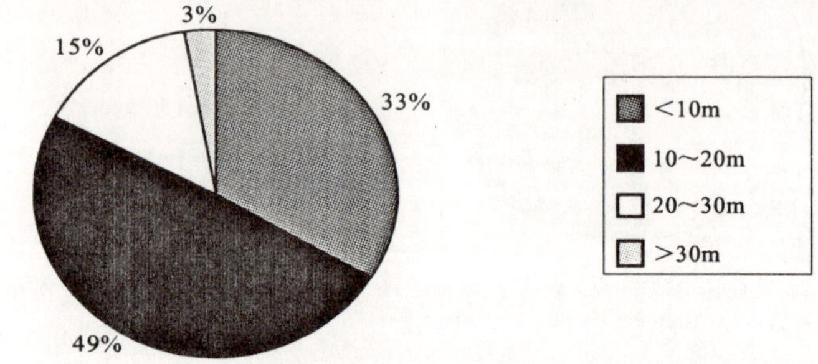

图 3-9　研究区软土总厚度分布比例

第三节　软土工程力学性质

为了准确获得各土层的工程力学参数，进行了专门钻孔采样，采集了 40 个样品，测试了其中 23 个样品，包括 16 个软土样品和 7 个砂土样，取样点分布见图 3-10，通过土工试验，获得了软土的物理力学参数(表 3-1)，为分析第四系土层的沉降量提供了依据。

通过资料整理和实验数据分析可以得出研究区软土具有以下特点：

(1)含水量高。含水量在 24.3%～68.8%，大于或接近其液限(29.4%～58.7%)，含水量随深度逐渐减小，但变化较小。

(2)孔隙比大，范围值 0.824～2.034，尤其是淤泥孔隙比均大于 1.5。

(3)易压缩。其压缩模量在 1.6MPa～5.7MPa 之间，压缩系数在 0.32MPa^{-1}～1.38MPa^{-1}，其中淤泥压缩模量值 1.6MPa～2.4MPa，压缩系数在 1.07MPa^{-1}～1.38MPa^{-1}。松散层中这些淤泥层特殊物理力学性质，导致其极易压缩变形。

(4)强度低。内聚力在 4.6kPa～20.9kPa，内摩擦角在 3.5°～24.9°，所夹淤泥层 c=4.6kPa～15.0kPa，φ=3.7°～7.4°。

在收集的钻孔资料揭露来看，第四系淤泥层厚在 0.5～30m，多为 2～3 层，淤泥的孔隙比大，液性指数在 1.0 以上，因此压缩性高。容许承载力低，容易产生触变、流变和不均匀沉降，对工程建筑极为不利。淤泥质土沉积环境与淤泥相同，但在沉积过程中，受地层自重压力和脱水等地质营力作用，孔隙比、含水量等均小于淤泥，容许承载力略高。

不同时代的软土，其工程特性也各不相同。一般情况下，地质时代愈新，软土的含水量愈大，标贯击数愈小；不同岩性的软土，物理力学性质也有差异。一般淤泥含水量高，砂质淤泥、淤泥质黏土次之；不同时代的软土埋藏条件各不相同，软土的力学性质受古地理环境控制。河口沉积的软土土质较均一，但承载力最差；三角洲平原相及河流冲积相为主的软土承载力略好。

土工实验的钻孔 BZK7、GZK36K 中的样品取自第二层软土，而钻孔 GZK42、GZK59、GZK60、GZK61 的样品取自第三层软土。以钻孔 GZK36K 为例，分别分析含水率、孔隙度、压

表 3-1　佛山软土样品土工实验结果

实验编号	取样深度(m)	土的物理性质指标							可塑性				压缩		抗剪强度		定名
		含水率	重度		比重	空隙比	空隙度	饱和度	液限	塑限	塑性指数	液性指数	压缩系数 $a_{100-200}$	压缩模量	内聚力	内摩擦角	
			天然	干													
		(%)	(kN/m³)		—	—	(%)	(%)	(%)	(%)	(%)	—	MPa^{-1}	MPa	kPa	度	
BZK	12.55～12.95	53.4	16.5	10.8	2.75	1.557	60.9	94.3	51.7	26.7	25.0	1.07	1.22	2.1	6.8	7.4	淤泥
BZK7	35.80～36.06	51.3	16.6	11.0	2.75	1.506	60.1	93.6	51.6	26.3	25.3	0.99	0.87	2.9	12.3	9.1	黏土
GZK24-4-1	16.90～17.10	36.5	17.2	12.6	2.75	1.182	54.2	84.9	44.5	23.1	21.4	0.63	0.55	4.0	16.9	16.8	黏土
GZK24-6-1	26.00～26.20	33.5	18.3	13.7	2.72	0.984	49.6	92.6	35.2	21.6	13.6	0.88	0.39	5.1	17.4	13.5	粉质黏土
GZK36K-1	5.20～5.40	24.3	18.4	14.8	2.70	0.824	45.2	79.6	29.4	19.4	10.0	0.49	0.32	5.7	17.3	24.9	黏土
GZK36K-2	9.70～9.90	50.7	16.5	10.9	2.75	1.512	60.2	92.2	46.7	24.6	22.1	1.18	1.07	2.3	15.0	5.6	淤泥
GZK36K-5	18.90～19.10	48.7	16.4	11.0	2.73	1.475	59.6	90.1	36.1	21.1	15.0	1.84	0.89	2.8			淤泥质粉质黏土
GZK36K-6	23.10～23.30	37.8	18.0	13.1	2.70	1.067	51.6	95.7	34.1	23.2	10.9	1.34	0.42	4.9			淤泥质粉质黏土
GZK36K-7	27.70～27.90	36.3	18.4	13.5	2.75	1.037	50.9	96.3	41.6	21.3	20.3	0.74	0.56	3.6	13.1	10.0	黏土
GZK42-3-1	3.70～3.90	47.9	17.4	11.8	2.75	1.338	57.2	98.5	44.3	23.5	20.8	1.17	0.76	3.1	20.9	7.0	淤泥质黏土
GZK42-7-1	16.00～16.20	41.1	17.9	12.7	2.73	1.152	53.5	97.4	33.6	19.6	14.0	1.54	0.56	3.8	8.4	4.4	淤泥质粉质黏土
GZK59-2-1	5.10～5.30	66.8	15.8	9.5	2.75	1.903	65.6	96.5	58.7	29.9	28.8	1.28	1.38	2.1	10.1	3.7	淤泥
GZK60-3-1	3.05～3.25	43.7	17.6	12.2	2.75	1.245	55.5	96.5	45.8	24.7	21.1	0.90	0.83	2.7	11.2	5.8	黏土
GZK60-8-1	21.80～22.00	50.1	16.7	11.1	2.75	1.472	59.5	93.6	52.6	27.0	25.6	0.90	0.98	2.5	11.1	3.5	黏土
GZK61-2-1	2.15～2.35	68.8	15.3	9.1	2.75	2.034	67.0	93.0	52.7	27.0	25.7	1.63	1.87	1.6	4.6	4.4	淤泥
GZK61-4-1	16.75～16.95	56.0	16.4	10.5	2.75	1.616	61.8	95.3	49.7	25.3	24.4	1.26	1.11	2.4	7.5	6.7	淤泥

缩模量与深度的关系(图 3－11、图 3－12、图 3－13)。

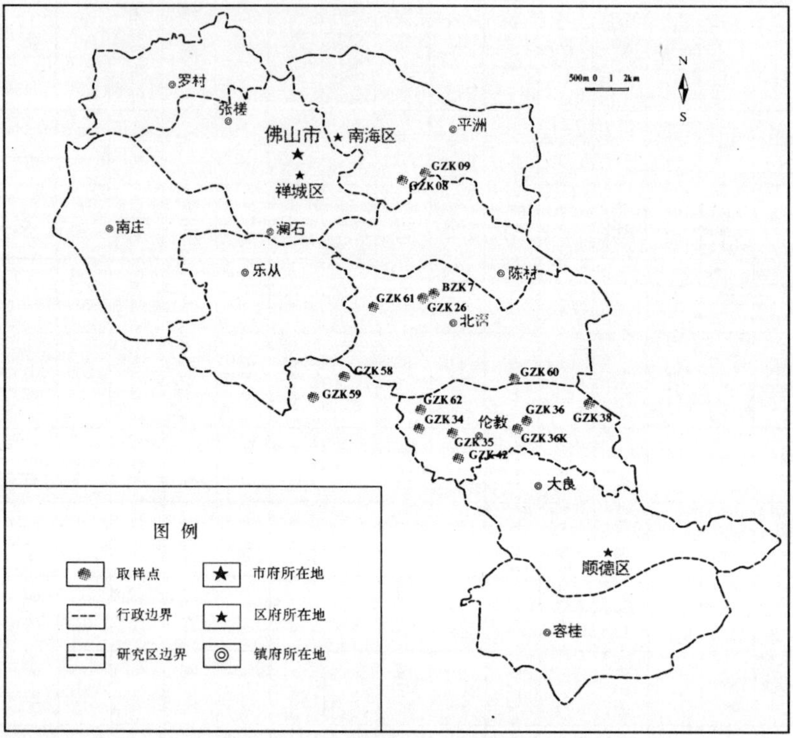

图 3－10　研究区取样点分布图

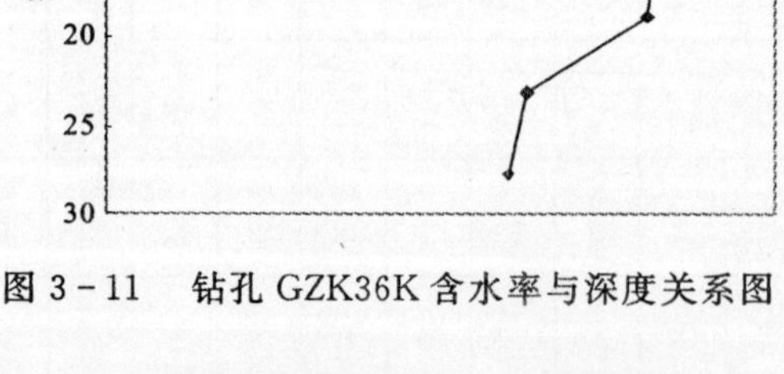

图 3－11　钻孔 GZK36K 含水率与深度关系图

图 3－12　钻孔 GZK36K 孔隙度与深度关系图

GZK36K 钻孔在伦教东北部喜涌附近,分层明显,岩性分别有粉土、淤泥、淤泥质粉质黏土,说明沉积环境存在多次变化,这为前面沉积环境分析中多次海进海退提供了充分的证据。而且在钻孔 GZK36K－5 淤泥质粉质黏土中发现有贝壳,说明为海相沉积。从土的命名、压缩模量、采样深度等可以看出(表 3－1),不同土层的工程力学性质相差巨大,压缩模量从 2.3～5.7MPa 变化,再加上平面上软土厚度分布不均,从而导致不均匀沉降加剧。

钻孔 GZK36K 土样的含水率、孔隙度与深度的相关曲线都为波形,存在一个波峰。可以看出该处沉积环境分别为陆相—海相—陆相，说明此处至少经历了两次海退，一次海进。含水率高说明该地层为海相沉积，含水率变低说明此处为陆相沉积，沉积环境变化显著。根据压缩模量与深度的相关曲线呈“S”形，存在两次波峰。特别是样品 GZK36K－7，深度越大反而压缩模量越小。说明此处压缩释水，固结沉降较好，与样品 GZK36K－6 沉积环境明显不同，可知样品 GZK36K－7 为海相沉积。因而该钻孔所在位置存在着两次海进海退，沉积环境分别为陆相—海相—陆相—海相。

由于 GZK60－3－1 与 GZK60－8－1 深度差异较大，以及不符合含水率随深度增加而减小的规律，初步判断不为同一层黏土。因此分析同一层不同地理位置的黏土压缩模量与深度关系可知(图 3－14，选取样品 BZK7、GZK60－3－1、GZK36K－5)，各黏土层压缩模量变化不大，但是深度变化较大，说明第三层软土范围内存在较强的剥蚀作用。压缩模量和深度存在较为明显的线性关系，深度越深，则压缩模量越大，土越不容易被压缩。虽然软土的压缩模量较大，工程力学性质较好，但是由于分布不均，厚度不同，依然会导致不均匀沉降。

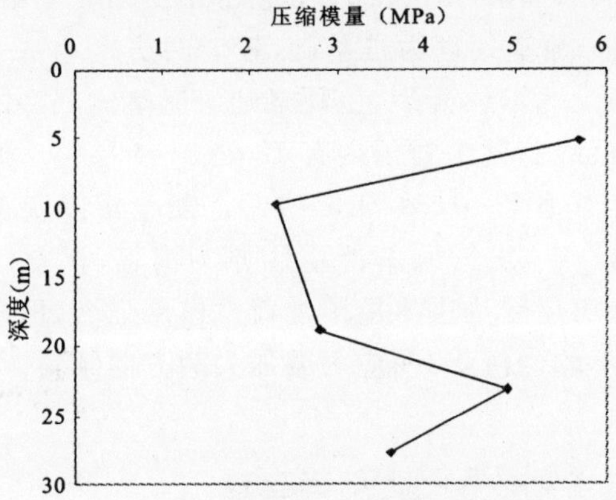

图 3－13　钻孔 GZK36K 压缩模量与深度关系图

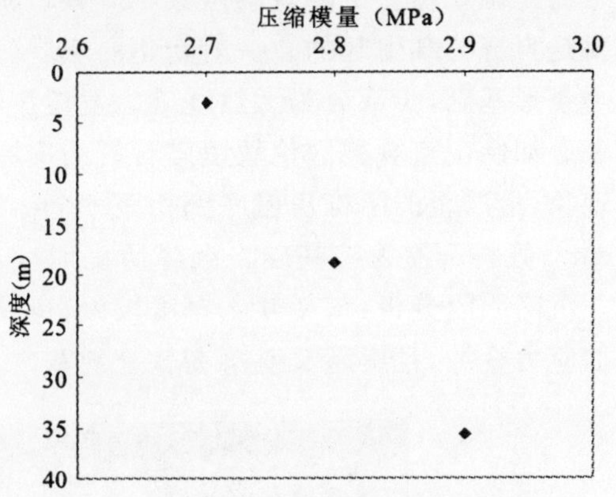

图 3－14　不同范围内黏土层压缩模量与深度关系图

从所有第三层软土压缩模量与深度关系图中可以看出(图 3－15，选取样品 GZK36K－6、GZK42－3－1、GZK42－7－1、GZK59－2－1、GZK61－2－1、GZK61－4－1)，压缩模量变化范围较大，同时深度变化也较为显著。说明由于后期的沉积演变，不同地区同层软土的工程力学性质差异较大，再加上埋深和厚度的不同更容易造成地面不均匀沉降。造成的工程问题将更为严峻。

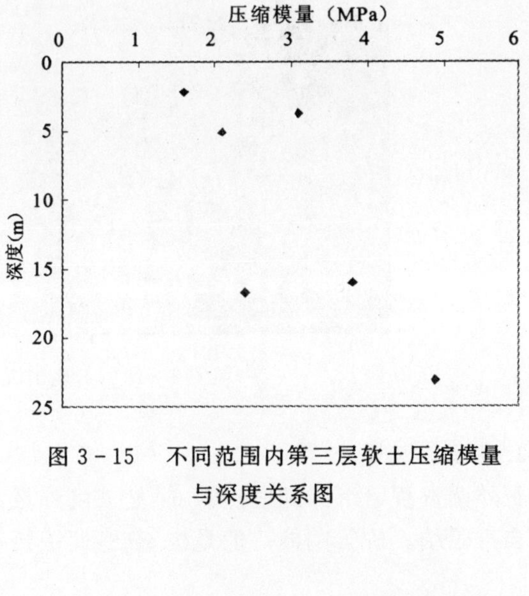

图 3－15　不同范围内第三层软土压缩模量与深度关系图

对比图 3－14 和图 3－15 可以看出，同一层土的压缩模量整体随着深度的增加而增大。一般来说，埋藏深的土，承受的上覆压力大，经历的固结时间相对较长，故土层比较密实，压缩性较低，因而压缩模量较大。在图 3 - 15 中也有个别反常现象，说明此处土层可能受到剥蚀作用，部分原有土层被剥蚀掉；也有可能由于海退时有的地方依然被海水淹没，持续沉积，而有的地方没有被海水淹没，相对于被海水淹没的土层压缩释水较快，故压缩模量出现反常。

第四节 软土工程地质问题

野外系统查明了佛山市中心城区软土地基引起的地面沉降类型和特征，在调查的 257 处沉降点中，从沉降发生的位置看来，主要分为四大类：房屋、桥梁、道路以及水工建筑物（包括水闸、河堤等），下面详细介绍各类典型沉降点的基本特征。

1. 房屋沉降

野外调查房屋沉降观察点共 128 处。沉降量在 0.1～30cm，大部分沉降量在 10cm 左右，主要是自身荷载引起的。一般新建的房屋（10 年以内）地基处理为桩基础，较老的房屋地基一般为条形基础，少部分为天然基础。发生沉降主要表现为墙体开裂，也观察到房屋整体沉降的现象。如佛山市顺德区伦教镇霞石村的房屋不均匀沉降。整个村子内有 12 处 3～4 层楼房倾斜现象，最严重的两栋房屋底部相距 50cm，顶部相互挤压在一起（图 3 - 16）。测量沉降量为 10cm。倾斜房屋为桩基础。沉降历史时间有 16～17 年，房屋倾斜严重区原为池塘、后被填埋。沉降原因分析：该村软土厚度较大，房屋密度大；房屋受周围房屋附加荷载作用强烈，形成附加应力叠加，且房屋又座落在软土地基之上，产生不均匀沉降，向应力叠加大的方向倾斜。

图 3 - 16 不均匀沉降导致层顶挤压

2. 桥梁沉降

野外调查桥梁沉降观察点共 64 处。沉降量为 5～12cm，导致沉降的主要原因是车辆动荷载和自身固结。桥梁主体一般是桩基础，而引桥一般为条形基础或天然基础，发生不均匀沉降的部位一般发生在桥体和引桥连接处。如佛山市顺德苏岗村苏岗大桥引桥沉降。沉降位于桥面与路面交汇处，桥为桩基础，路为天然基础，桥面上车流量非常大。水道宽 150m，水位高。并且在引桥与桥体交汇带有较长裂缝，长达 10m，宽 3～5cm。沉降量 3cm(图 3-17)。沉降原因分析：沉降属于车辆动荷载沉降，桥体为桩基础，可作为基准面，路面为天然基础，为沉降体。且宽 150m 水道对自身固结沉降影响大。

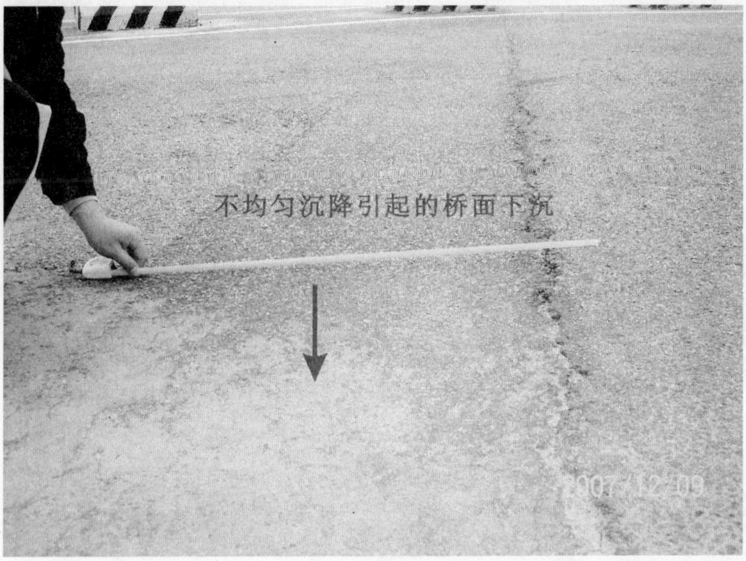

图 3-17 不均匀沉降引起的桥面下沉

3. 道路沉降

野外调查道路沉降观察点共 42 处。沉降量为 0.5～20cm，产生沉降的主要原因是车辆动荷载。道路一般为天然基础或简单的砂石铺垫，发生沉降的部位一般为重型车辆经常行驶的一侧，由于路面受经常性的不同动荷载，造成路面不均匀沉降。如佛山市南海区夏南一村与二村间路面沉降。沉降位于马路路面与护栏间，路面与护栏均为天然基础，沉降量为 10cm(图 3-18)。马路两旁均为村子，马路上车流量大，并有货车通行。沉降历史两年。沉降原因分析：属于车辆动荷载沉降，护栏与路面均为天然基础，路面受车辆动荷载作用而与护栏产生不均匀沉降。

4. 水工建筑物沉降

野外调查水工建筑物沉降观察点共 23 处，以水道水闸为主。沉降量为 5～19cm，主要原因是建筑物的附加荷载导致自身固结引起的沉降。由于水闸自身完整性好，且大多数为桩基础，具有较好的稳定性，但水闸附加建筑物或水闸两侧的堤坝一般为天然基础，水道两旁沉积有大量淤泥，这些淤泥层的固结沉降或可能的流变在地表上表现为水闸和周围建筑物的不均匀沉降。如佛山市乐从镇村尾村龙畔水闸沉降。沉降位于水闸桩基础与地面间，地面为天然基础，沉降量为 7cm(图 3-19)。水闸蓄放水时水位变化大，对沉降影响大，且地面向河内倾出。沉降历史 8 年。沉降原因分析：属于自身固结沉降。水闸桩基础为基准面，地面因水位变化而加大自身固结，并向引起它发生不均匀沉降方向(河流方向)倾出。

图 3-18　不均匀沉降引起的路肩开裂

图 3-19　不均匀沉降引起的地面下沉

第四章　软土地基沉降分析与预测

第一节　软土地基沉降现状

根据佛山市地质灾害防治规划报告，截止2005年12月底，佛山市共发现地质灾害或隐患点363处，其中软土地基沉降39处。佛山市中心城区（即研究区）因软土地基沉降已造成的经济损失达430万元，潜在威胁财产达1 028万元。

为了查明佛山市地面沉降原因，不仅对佛山市中心城区软土厚度和分布进行了详细考察，还对因软土地基引起的地面沉降进行了详细的实地调查，对研究区257处地面沉降点进行了详细的测量和描述。地面沉降调查点分布如图4-1所示，根据佛山市地质灾害防治规划中软土地基沉降点分布情况，将南庄—乐从—陈村一线作为野外调查的重点区域，野外调查不期望

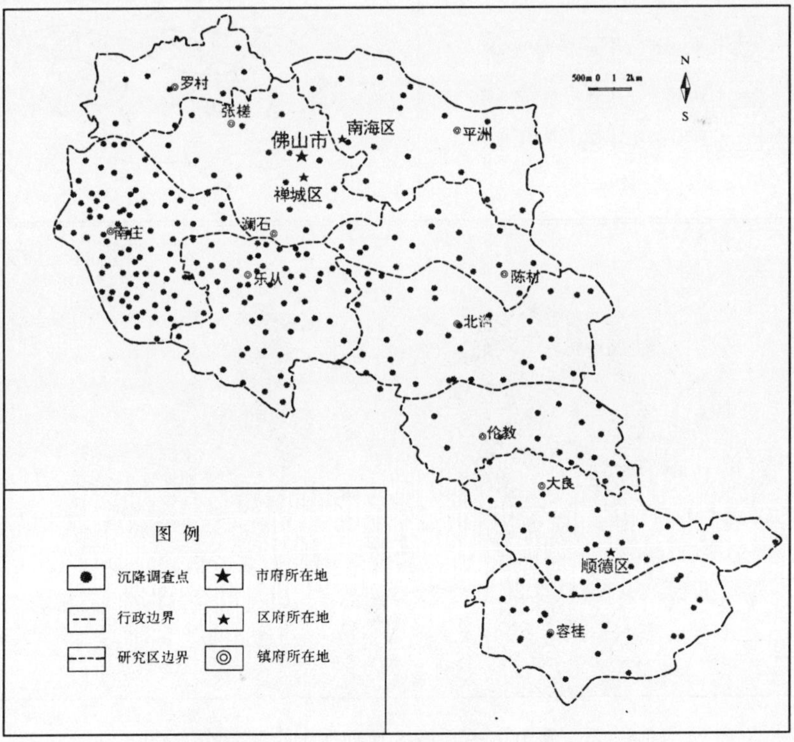

图4-1　研究区地面沉降调查点分布图

对所有的地面沉降点都进行观察，但基本上对所有明显、重要的地面沉降点进行了观察，调查精度满足了研究区分析软土地基沉降规律的需要。

图 4－2 为根据调查结果绘制的地面沉降量等值线图，直观地反映了目前佛山市中心城区地面沉降分布特征。

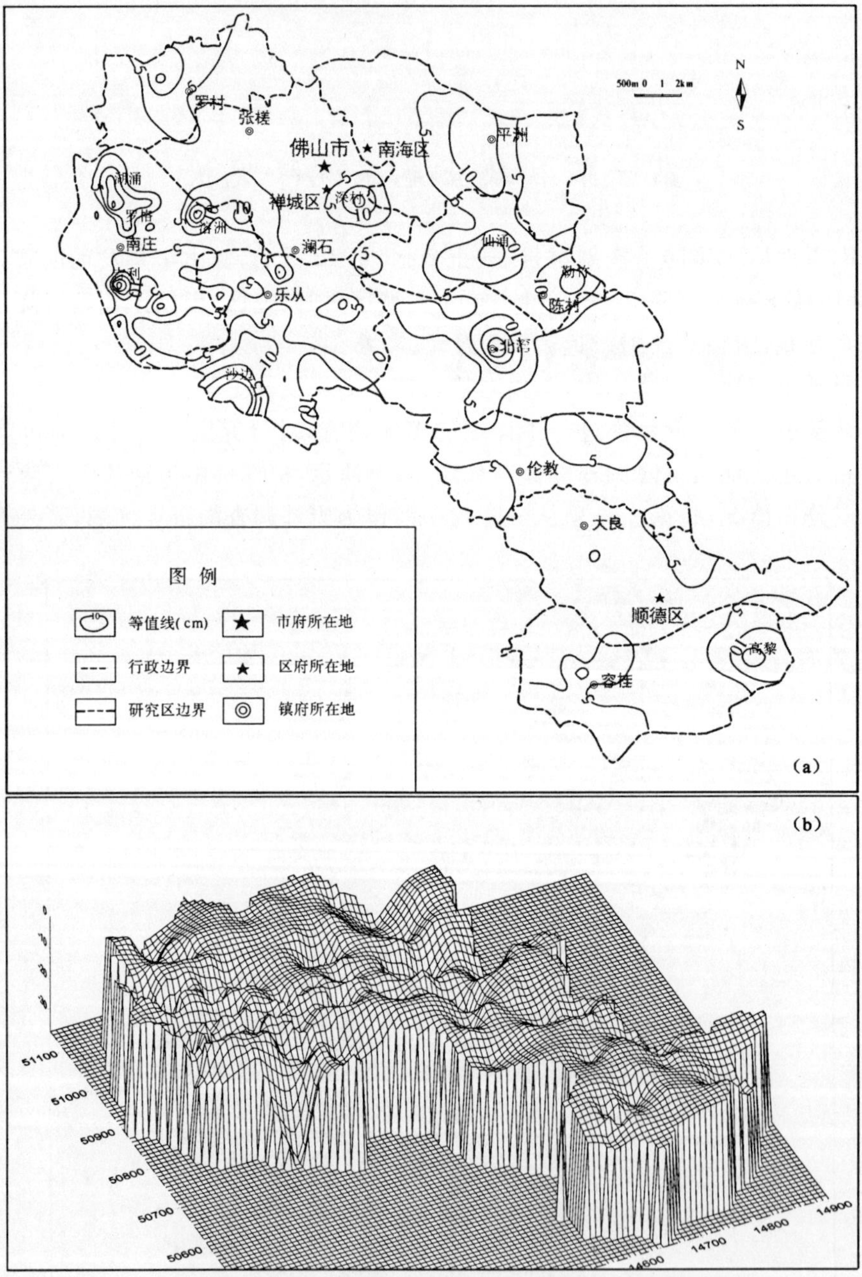

图 4－2　佛山市中心城区地面实测沉降量分布图

(a)沉降量等值线图；(b)沉降立体效果图

佛山市中心城区地面沉降极其不均匀，相对沉降量为0.1～40cm[图4-2(a)]。大部分地区沉降量在2～5cm范围内，小于2cm的只有零星分布。其中沉降量值大于10cm的区域主要分布在南庄湖涌—罗格周围、南庄溶洲周围、南庄吉利周围、乐从沙边周围、禅城区深村周围、陈村仙涌周围、陈村勒竹周围、北滘镇周围、容桂高黎周围。最大沉降发生在龙江大桥北桥头(FSR113点)和乐从上村西500m桥头(FSR135点)，相对沉降量达到40cm；沉降量较小的地方出现在大良、伦教几处民宅，相对沉降量分别为0.1cm和0.2cm。

从沉降趋势来看，研究区有两个主要的沉降区，相对沉降量基本在10cm以上，一个是南庄—乐从主沉降区，另一个是平洲—陈村—北滘主沉降区。还有两个次要沉降区，相对沉降量达到5cm以上，一个是禅城区深村次沉降区，另一个是容桂高黎次沉降区。

根据佛山市中心城区地面实测沉降量值，构建了研究区相对沉降立体效果图[图4-2(b)]，更加直观地显示了研究区现在相对沉降的空间分布情况。

佛山市区出现如此大范围的地面沉降，并且在空间上分布极其不均匀，因此必须查明地面沉降产生的原因，为今后的城市建设提供参考。

第二节　软土地基沉降分析

引起地面沉降的因素包括地质环境因素和人类工程活动因素两大类。地面沉降可以由单一因素引发，但许多情况下是几种因素综合作用的结果。在诸因素中，人类工程活动因素常起着重要作用。除新构造活动等地质营力造成的地面沉降外，引起地面出现不均匀沉降的主要内因是软土层分布及其物理力学性质的差异，附加应力的分布、地基处理不当、地下水位的变动等因素是引起地面出现不均匀沉降的外在诱因。软土地基不均匀沉降导致建筑物上部结构开裂、倾斜、倒塌以及道路路面的扭曲变形，不仅带来巨大的经济损失，甚至危害到人民的生命安全。

在本次调查过程中发现，研究区地面沉降主要由附加荷载(包括静荷载和动荷载)、地基处理、地下水位变动、构造活动及土的工程性质等引起的。

1. 附加荷载

地面沉降是由于土体压缩变形而引起的。附加荷载的大小及分布，对地面沉降量的大小及空间分布的影响是十分明显的。

(1)荷载类型。在本次调查的257个地面沉降观察点中，附加荷载主要为建筑物的自重应力、车辆动荷载。野外调查数据表明，调查点中130处有车辆动荷载，147处有房屋或水工构建物。这说明超过50%的地面沉降是由附加荷载引起的。同时沉降量大于10cm的59个观察点中，由于车辆动荷载的影响就达39处之多，说明动荷载的作用也不容忽视，对于路面施工和路面附近的建筑物，都需要考虑动荷载的影响。

(2)荷载大小。荷载大小对地面沉降的影响显而易见。土体压缩固结，除土体自重外，主要是来自外部荷载的作用，并在相同的地质条件下，荷载越大，土体的压缩变形越大，自然表现出地面沉降量也大。

(3)荷载分布。一般情况下，应力集中的地方，沉降量自然就大。调查中出现沉降的位置，主要在墙体、台阶、桥墩与护基之间。

2. 地基处理不当

本次调查中，房屋类出现的地面沉降现象最多，尤其是老式房屋。由于以前的房屋基本上采用箱形或条形基础，而在佛山市中心许多高楼都是采用桩基础，故老旧房屋出现较大的沉降和拉裂缝，反而新建高楼出现不均匀沉降现象不多。箱形或条形只适合土层结构单一，且在空间上分布比较均匀的荷载。然后，土体具有非均质性、各向异性以及复杂性。佛山市第四纪松散沉积物厚度巨大，分布不均匀，软土在研究区厚度不均，厚度为 0.5～39.4m，平均厚度为 13.27m，其中大部分地区为 10～20m(图 3－8)，并且多为淤泥或淤泥质黏土，大部分为饱和土，承载力低，属软弱地基。在这些软弱地基上修建高层建筑和进行浅层地下空间的开发，岩土工程地质条件并不理想，必然会出现建筑物沉降过大、建筑物倾斜与开裂、基坑失稳、滑移或坑底隆起、桩位偏移或断桩、缩颈及地面隆起等工程地质问题，软弱地基的施工和地基处理是岩土工程的主要难题。目前发现最大沉降量出现在乐从上村桥头和龙江大桥桥头，沉降量达到 40cm，即是常说的桥头跳车现象。这是因为在桥头和路面结合处，路基为第四系或者填土，桥面为混凝土，在长期的车辆碾压及动荷载作用下路面下沉所致。

3. 地下水位变动

许多地面沉降与城市地下水开采有着密切的联系，如上海、无锡、常州一带。佛山市地下水位高，地表水资源丰富，因此，地下水超采问题不多见。然而佛山市内河流纵横交错，河网密布，珠江水系中的西江、北江在市内通过，地下水位动态呈现季节性周期变化。在枯水期地下水排泄转化为地表水的过程中，含水层释放部分水量，地下水位下降，地层中的有效应力增大，同时黏性土在释水过程中被压缩具有不可逆性，形成地下水变动引起的地面沉降。本次调查中，有 66 处地面沉降与地下水位波动有关，其中主要是紧邻河流的河堤、水闸以及周围的房屋等，其影响不容忽视。

4. 新构造活动

佛山地处珠江三角洲西部，西江和北江两岸，一方面分布着大量的第四纪松散沉积物，另一方面北东、北西向断裂构造发育。区内发育北东、北西向断裂构造是块体不稳定的根源，佛山周边历史上有多次破坏性地震发生，是地震较活跃的地区。而且，佛山的禅城一顺德一带是珠江三角洲地区沉降最大的地区，年最大沉降量大于 2.5mm(图 4－3)。由于过去人们对地下地质条件和岩土工程条件认识不够，为城市建设埋下了许多隐患。

佛山市出现地面沉降与其构造活动有着密切的联系。资料表明，广州地区属东南沿海构造地震带的一部分，它被瘦狗岭-罗浮山断裂分割成南北两部分。北部是以震旦纪变质岩系和燕山期花岗岩为主的中—新生代隆起区；南面则是以白垩系、古近系和第四系海冲积、冲积为特征的中—新生代断裂盆地。断陷盆地两侧又发育着一系列北东和北西向断裂，将断陷盆地切割成大小不等、形态各异的构造块体。根据 1954—1973 年广州地区地壳形变测量资料，各构造块体升降速度及形变速率如图 4－3 所示。其中佛山市属于沉降区，沉降速率平均为每年 2.5mm/a。

5. 软土的工程性质

众所周知，软土的工程性质是产生地面沉降的最主要原因。佛山市第四系沉积年代为全新世或更早，至少经历了两次海进，形成 1～4 层淤泥或淤泥质土，这类软土具有含水量高、强度低、压缩性高等特性，次固结时间长，在外部荷载作用下，很容易发生压缩变形，同时夹有粉砂或砾石，形成良好的排水通道，有利于土体压缩固结。从地理位置上看，目前佛山市沉降量

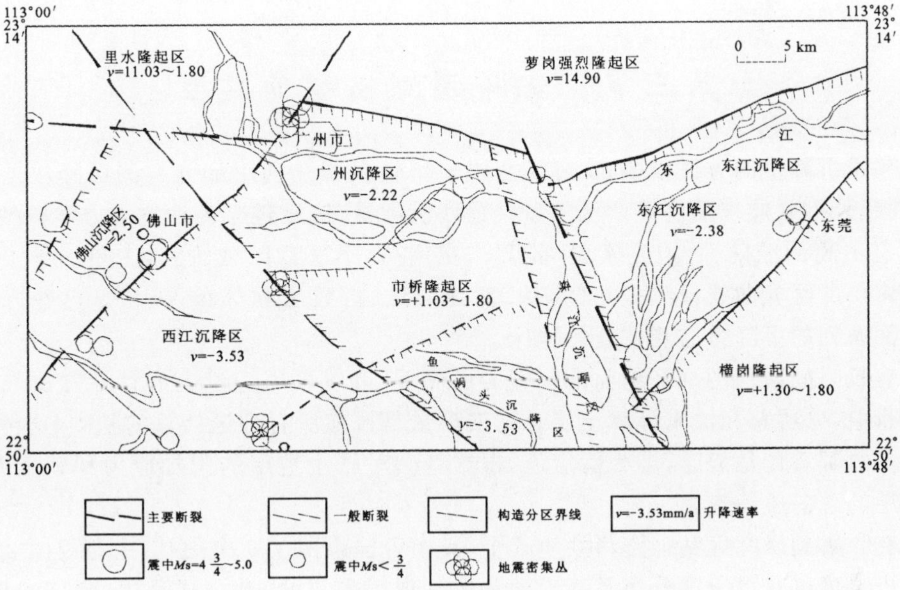

图 4-3　广州地区构造格架及升降速率

较大的区域，主要在三角洲平原区，软土层相对较厚。对比第四系厚度分布图(图 4-1)和沉降量分布图(图 4-2)，沉降量大于 5cm 的区域基本出现在第四系厚度较大的地方，即第四系厚度超过 10m 的分布区内。第四系沉积厚度分布最大的区域和出现沉降较大的区域基本吻合，这说明第四系厚的地方沉降量也大，但并不是完全一致。第四系中产生沉降的层位主要是第四系的淤泥和淤泥质黏土层，它们的厚度分布与整个第四系的厚度分布并不完全一致。因而出现地面沉降最大的地方，并不一定在第四系厚度最大处，它与软土的分布和厚度有关。同时，各地沉降量的差异，主要是软土层厚度分布不均匀，而土层非均质性且各向异性，是导致地面出现不均匀沉降的主要原因。

综合分析佛山市中心城区软土地基沉降原因，发现导致地面沉降最直接、最主要的原因是软土在附加荷载作用下排水固结沉降。饱和淤泥或软黏土地基在荷载作用下，孔隙中的水被慢慢排出，孔隙体积减小，地基发生固结变形。同时，随着超静水压力逐渐消散，有效应力逐渐提高，地基土的强度逐渐增强。土体在受压固结时，一方面孔隙比减小产生压缩，一方面抗剪强度也得到提高。在荷载作用下，土层的固结过程就是孔隙水压力消散和有效应力增加的过程。由于淤泥的渗透系数较小，在附加应力下排水速度低，因而固结速度非常慢。地基在动、静荷载联合作用下，土体中孔隙水压力急剧上升，土体中结合水转化成自由水沿空间排水网络外排。随着孔隙水的逐步排出，孔隙体积逐渐减小，地基发生固结变形。

由此看来，查明软土层的分布及其工程特性，构建空间三维结构模型，预测最终沉降量，以便采取合理而有效的处理措施，防止此类地质灾害的发生，为合理圈定城市规划、进行土地开发与利用，以及为今后的工程施工和处理提供参考，可以从根本上协调和缓解城市土地资源开发、地下空间开发与地质环境载体之间的矛盾，使之向良性方向发展，可以为城市的建设与发展提供基础性、先导性与科学性方面的支撑与服务。

第三节　沉降预测模型的建立

计算软土沉降量的方法很多，实际工程中采用较多的是利用部分实测沉降数据得出经验曲线，将曲线外推延伸来预测短期沉降量及最终沉降量，这比建立各种物理力学模型进行解析的方法具有更高的准确性，但是实验周期长，费用高，不适宜区域研究，主要用于工程场地研究。目前常用的经验曲线模型是：三点法、双曲线法、指数法和 Asaoka 法。这些方法适合于已有长时间系列的沉降量监测资料的地区。

在没有长时间系列的沉降量监测资料的情况下，可以采用理论上的计算方法来计算软土地面沉降量值，分层总和法来计算土层总的变形量是目前所有理论计算的基础，这种方法将土层的各种参数都看作是静态，即为固定值，根据基础对软土地层的附加应力和软土力学参数，计算软土层的总的压缩量。

本研究收集到研究区钻孔资料共 466 个，其中容桂组团 169 个钻孔，中心组团 297 个。从这些钻孔资料可以获得土层分布及其力学参数。现场采集的 40 个样品中，测试的 16 个软土样品为各层软土提供了更为准确的物理力学参数；野外调查详细记录了研究区中的居民区和厂房高度，这为获得区域附加应力取值和分布提供了基础资料。由于本研究是探讨整个区域的沉降规律，可以根据太沙基一维固结理论，采用分层总和法，计算出某钻孔相应土层的压缩量（沉降量）值，再作出区域沉降趋势图。研究模型如图 4－4 所示。

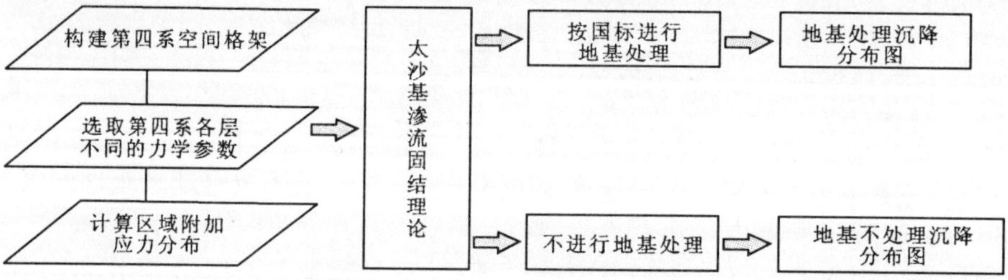

图 4－4　沉降量计算研究模型图

本研究的计算模型为太沙基渗流固结理论，其基本原理如下。

一、有效应力原理的基本概念

饱和土是由固体颗粒形成的骨架和充满其间的水组成的两相体，当外力作用于土体后，一部分由土骨架承担，并通过颗粒之间的接触面进行应力的传递，称之为粒间应力；另一部分则由孔隙中的水来承担，水虽然不能承担剪应力，但却能承受法向应力，并且可以通过连通的孔隙水传递，这部分水压力称之为孔隙水压力。有效应力原理就是研究饱和土中这两种应力的不同性质和它们与总应力的关系。

图 4－5 表示饱和土体中某一放大了的横截面 a—a′，面积为 A，假设土颗粒较小，a—a′面都通过了土颗粒的接触点。由于颗粒接触点所占面积 A_s 很小，故面积 A 中绝大部分都是孔隙水所占面积 $A_w=A-A_s$。若在该截面每单位面积上作用有垂直应力 σ，则在 a—a′面上的孔隙

水处将作用有孔隙水压力，在颗粒接触处将存在粒间作用力 P_s。P_s的大小和方向都是随机的，现将其分解为垂直向和水平向两个分力，竖直向分力为 P_{sv}。考虑 a—a′面的竖向力平衡可知

$$\sigma A = \sum P_{sv} + uA_w$$

两边均除以面积 A，则

$$\sigma = \frac{\sum P_{sv}}{A} + u\frac{A_w}{A} \qquad (4-1)$$

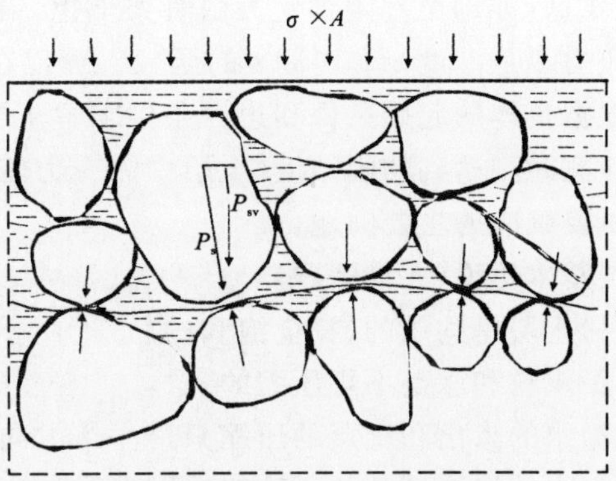

图 4－5　有效应力概念

式(4－1)中，右端第一项 $\frac{\sum P_{sv}}{A}$ 为全部竖直向粒间作用力之和除以横断面积 A，它代表全面积 A 上的平均竖直向粒间应力，并定义为有效应力，习惯上用 σ'表示。右端第二项中的$\frac{A_w}{A}$，由于颗粒接触点面积 A_s一般不超过 0.03A，故$\frac{A_w}{A}\approx 1$。由此，式(4－1)可简化为

$$\sigma=\sigma'+u \qquad (4-2)$$

式(4－2)即为饱和土有效应力原理的表达式。

对于黏性土，由于颗粒周围包围有结合水膜，颗粒间一般不直接接触，但是可以认为，粒间力仍可通过黏滞性很高的吸附水膜传递，上式仍然适用。

二、渗流固结理论

假设在厚度为 H 的饱和土层上面施加无限宽广的均布荷载 p，这时土中的附加应力沿深度为均匀分布，如图 4－6 中面积 abcd 所示，土层只在与外荷作用方向相一致的竖直方向发生渗流和变形。渗流固结过程中，附加应力由孔隙水和土粒(骨架)共同承担，面积 bedb 表示时间 t 时由孔隙水分担的超静水压力 u，面积 abeca 表示由骨架分担的粒间有效应力 σ'。曲线 be 的位置随时间而缓慢变化，当 $t=0$ 时，be 与 ac 重叠，亦即全部附加应力由水承担；$t=\infty$时，be

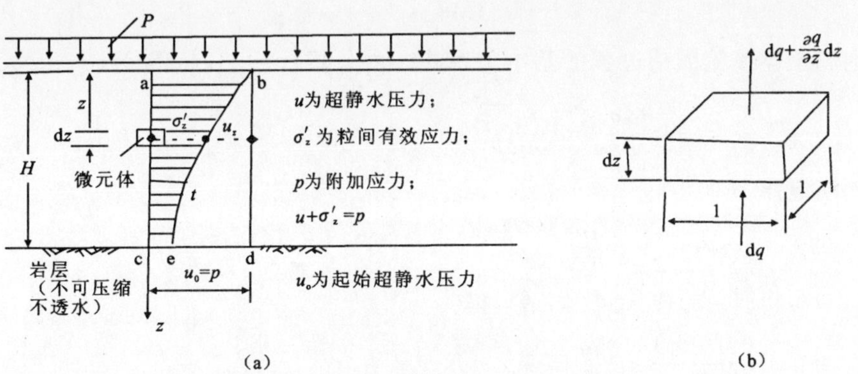

图 4－6　渗流固结过程

与 bd 重叠，亦即全部附加应力由骨架承担。在整个渗流固结过程中，土中的超静水压力 u 和附加应力 σ' 是深度 z 和时间 t 的函数。可以在下列基本假设前提下，建立渗流固结微分方程，然后根据具体的起始条件和边界条件求解土层中任意点任意时刻的 u 或 σ'，进而求得整个土层在任意时刻达到的固结度（土层中总应力转化成粒间有效应力的百分比）。这就是渗流固结理论所要解决的主要问题。

1. 基本假设（一维课题）

(1)土层是均质的、完全饱和的。

(2)土粒和水是不可压缩的。

(3)水的渗出和土层的压缩只沿一个方向（竖向）发生。

(4)水的渗流遵从达西定律，且渗透系数 k 保持不变。

(5)孔隙比（e）的变化与有效应力（σ'）的变化成正比，即 $\frac{-\mathrm{d}e}{\mathrm{d}\sigma'}=a$，且压缩系数 a 保持不变。

(6)外荷载一次瞬时施加。

2. 微分方程的建立

现从土层中深度 z 处取一微元体（断面面积＝1×1，厚度＝dz），在此微元体中，

$$\text{固体体积 } V_1=\frac{1}{1+e_1}\mathrm{d}z=\text{常量} \tag{4-3}$$

$$\text{孔隙体积 } V_2=eV_1=e\left(\frac{1}{1+e_1}\mathrm{d}z\right) \tag{4-4}$$

在 dt 时间内，微元体中孔隙体积的变化（减小）等于同一时间内从微元体中流出的水量，亦即

$$\frac{\partial V_2}{\partial t}=\frac{\partial q}{\partial z}\mathrm{d}z\mathrm{d}t \tag{4-5}$$

式中：q——单位时间内流过单位横截面积的水量。

从式(4-4)：

$$\frac{\partial V_2}{\partial t}\mathrm{d}t=\left(\frac{1}{1+e_1}\mathrm{d}z\right)\frac{\partial e}{\partial t}\mathrm{d}t$$

代入(4-5)，得：

$$\frac{1}{1+e_1}\cdot\frac{\partial q}{\partial z} \tag{4-6}$$

这是饱和土体渗流固结过程的基本关系式。由公式 $\left(\alpha=\frac{\Delta e}{\Delta\sigma'}\right)$，得 $\Delta e=-\alpha\Delta\sigma'_z$，则

$$\frac{\partial e}{\partial t}=-\alpha\,\frac{\partial\Delta\sigma'_z}{\partial t}=\alpha\,\frac{\partial u}{\partial t} \tag{4-7}$$

根据达西定律

$$q=ki=\frac{k}{\gamma_{\mathrm{w}}}\cdot\frac{\partial u}{\partial z} \tag{4-8}$$

将式(4-7)和(4-8)代入式(4-6)，得

$$\frac{k(1+e_1)}{\alpha\gamma_{\mathrm{w}}}\cdot\frac{\partial^2 u}{\partial z^2}=\frac{\partial u}{\partial t}$$

或

$$c_{\mathrm{v}}=\frac{\partial^2 u}{\partial z^2}=\frac{\partial u}{\partial t} \tag{4-9}$$

式中：$c_v=\dfrac{k(1+e_1)}{\alpha\gamma_w}$称为土的固结系数（$m^2/a$ 或 cm^2/a）；

e_1——渗流固结前土的孔隙比；

α——土的压缩系数；

k——土的渗透系数。

三、分层总和法

分层总和法的基本原理就是根据太沙基一维固结理论，假设土层只发生竖向压缩变形，没有侧向变形。分别计算基本中心点下地基中各个分层土的压缩变形量 S_i，认为基础的平均沉量 S 等于 S_i的总和，如图 4－7 所示。

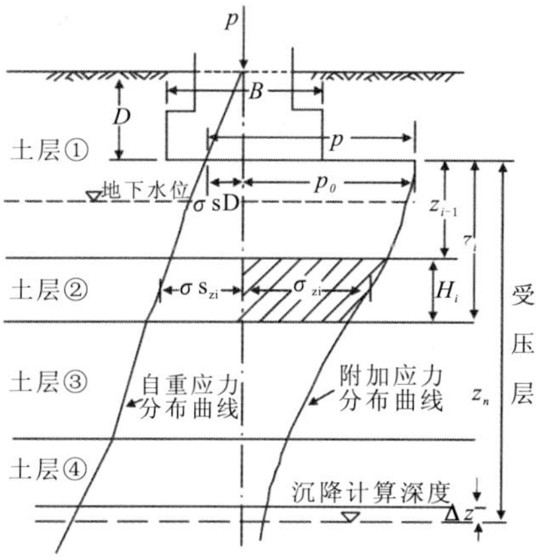

图 4－7　分层总和法计算地基沉降量示意图

即
$$S=\sum_{i=1}^{n}S_i$$

式中：n——计算深度范围内的分层数；

$S_i=\beta\dfrac{pH}{E}$，$\beta=1-\dfrac{2v^2}{1-v}$

S_i——第 i 层沉降量；

β——压缩系数；

v——泊松比；

p——作用于土层厚度范围内的平均附加应力；

H——土层厚度；

E——变形模量。

其中，$p=\rho-u$

ρ——作用在任意面上的总应力（自重应力与附加应力）；

u——孔隙水压力。

第四节　软土地基沉降计算

一、研究区第四系空间格架

GMS（Groundwater Modeling System）是一个集各类软件于一体的、能够从钻孔到地层结构、从平面到空间、从单元到系统的综合性、系统性、全面性的软件。不仅具有地下水水流模拟、地下水溶质运移模拟的功能，其在地层三维建模与可视化方面的功能亦同样突出。

建立研究区三维空间格架模型，首先要准备好钻孔数据。本次研究共收集了研究区钻孔 466 个，使用这些钻孔资料之前，对所有钻孔的岩性重新进行了标准化和校正编录，摒弃了没有打穿整个第四系直到基岩的钻孔，可以应用的钻孔 241 个。将收集的钻孔资料以钻孔编号、X（x 坐标）、Y（y 坐标）、H（高程值）、MD（岩性编号）、HD（层编号）为文件表头整理数据，然后利用 GMS 软件 Solid 模块构建研究区软土空间格架图。

利用钻孔数据建立空间模型。首先将地理底图导入 GMS 中进行定位，建立坐标系。然后再由 MAP 模块根据已定位的地理底图绘制工作区边界（也可以直接导入边界区文件，然后用 MAP 模块中 CAD→Feature Objects 命令将文件转换成 GMS 中能够识别的对象），由边界生成 TINs。将整理好的钻孔数据导入 GMS 中的 Borehole 模块中，构建钻孔模型，然后在 Borehole 模块中选择 Horizons→Solids 命令采用相应的插值方法，生成以钻孔数据为基础的第四系空间格架图。

Solid 是 GMS 软件的三维地质结构模块，利用该模块可以根据需要分解和组合不同的层，在任意层位、任意位置切剖面以查看剖面上第四系各层空间展布情况，并可对模型进行空间上任意角度的旋转，从不同角度观察空间模型的结构。

根据标准钻孔序列对所有可用的钻孔进行标准化（见附录），构建了研究区第四系各层空间格架图（图 4－8），这为研究区沉降量的计算提供了基础。

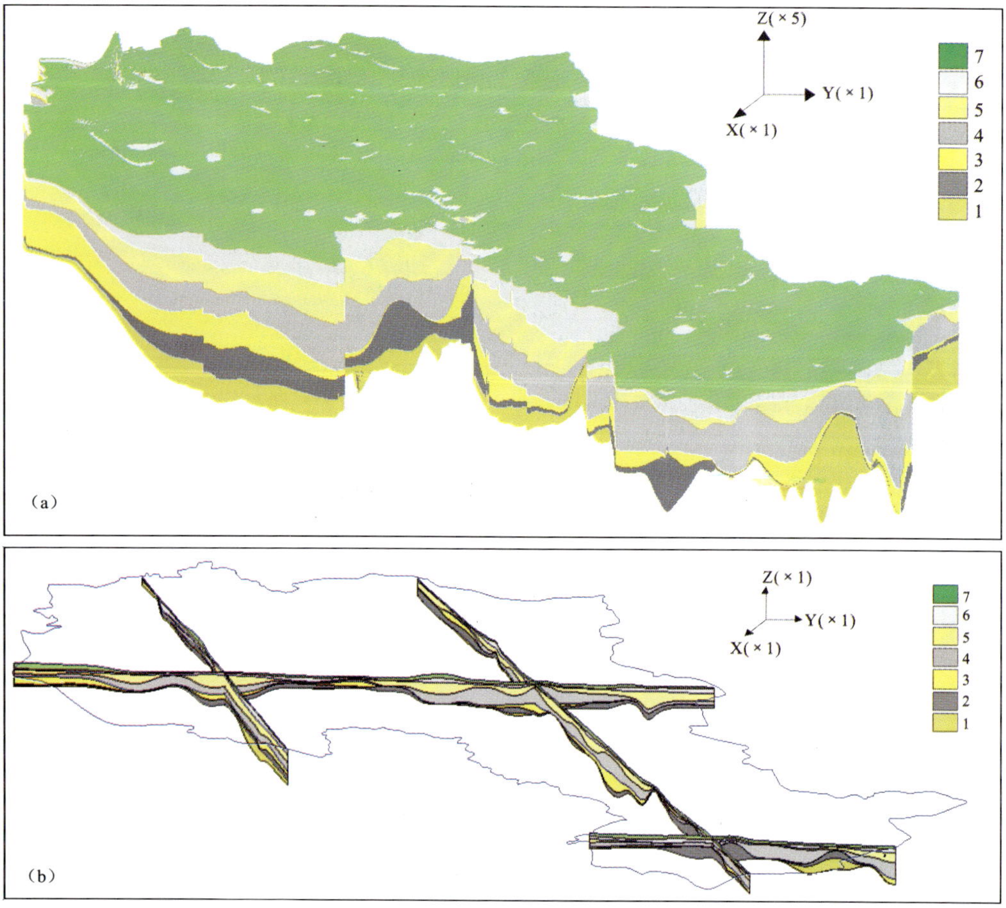

图 4－8　研究区第四系各层空间格架及剖面图

(a)空间格架图；(b)剖面图

1. 礼乐组石排段(Qp^{sp})＋白坭组(Qp^{bn})；2. 礼乐组三角层段(Qp^{sj})＋西南镇段(Qp^{x})（第三层软土）；3. 桂洲组杏坛段(Qh^{xt})；4. 桂洲组横栏段(Qh^{hl})（第二层软土）；5. 桂洲组万顷沙段(Qh^{w})；6. 桂洲组灯笼沙段(Qh^{dl})（第一层软土）；7. 人工填土、杂填土、耕土

二、土的力学参数的选取

对于各土层的力学参数选取：如果钻孔资料中有力学实验结果的，就采用该钻孔的力学参数；没有力学实验结果的，参考采用就近的钻孔的数据；没有钻孔的地区，参考采用本研究样品的力学参数数据。各土层的力学参数范围值见表 4－1。

表 4－1　土的力学参数经验值列表

编号	土性	天然重度 γ(kN/m^3)	内摩擦角 φ(°)	内聚力 c(kPa)	压缩模量 E(MPa)
6	粉砂质淤泥	15.3～18.4	3.5～24.9	2.57～20.9	1.6～24.9
5	粉砂质黏土	26.5	32	0	25
4	淤泥质黏土，含有机质	15.3～20.9	2.1～24.9	2.61～22.5	0.8～7.5
3	砂砾	18～26.5	8.5～32	0～11.3	4.9～25
2	黏土	15.3～18.4	3.5～39	2.3～28.2	1.6～11.1
1	砂砾、砾石	26.5	32	0	25

三、附加应力

1. 人工建筑物附加应力

根据野外调查详细记录了研究区中的居民区和厂房高度，这为获得区域附加应力取值和分布提供了基础资料。

单层房屋产生的附加应力的选取根据墙体和楼板所用的砖、水泥、砂石、涂料等建筑材料的密度和使用数量以及单层房屋的平均内置物的重量和人等动荷载综合考虑，参照建筑结构荷载规范 GB50009—2001，取值为 55kN/m^2。研究区各地的附加荷载皆以建筑物层数乘以单层房屋产生的附加应力值，得到研究区附加应力等值线图(图 4－9)。

图 4－9 表明，佛山市区现状附加荷载值在 110～440kN/m^2。其中佛山市政府所在地附加荷载最大，达到了 440kN/m^2。这说明现状附加荷载与人类工程活动有着密切的关系，中心城区发展迅速，高楼林立，故现状附加荷载最大；顺德、大良和南庄等地，楼层少，且分布比较稀疏，现状附加荷载均小于 190kN/m^2，为现状附加荷载相对较小的区域。

如果将这些现状附加荷载直接作用于软土之上，许多地方(尤其是佛山市城区)的软土早就遭到了压缩破坏，目前没有发现软土遭压缩破坏的极端情况，主要是修建高楼时进行了地基处理，或者很多高楼都采用了桩基础，桩穿透了整个第四系直接作用于基岩之上。

由于荷载大小决定了土层的受力情况。若土层结构单一，则附加荷载越大，沉降量越大。但是佛山市第四系中软土在空间上的分布并不均匀，因而沉降量是附加荷载、软土工程特性及厚度综合作用的结果。

2. 地下水变动引起的动水压力

在自然条件下，海平面的上下波动(潮汐)影响与其毗邻的滨海地下水系统的变化，这种变化反映在潜水含水层内表现为潜水水位的变化，而反映在承压层内则表现为承压水头的变化。海潮对海岸带地下水位的影响，首先表现为海潮的波动引起地下水位出现相应的波动称为潮汐效应，但后者的幅度小于前者，可用地下水水位变幅和潮汐系数即地下水水位变幅与对

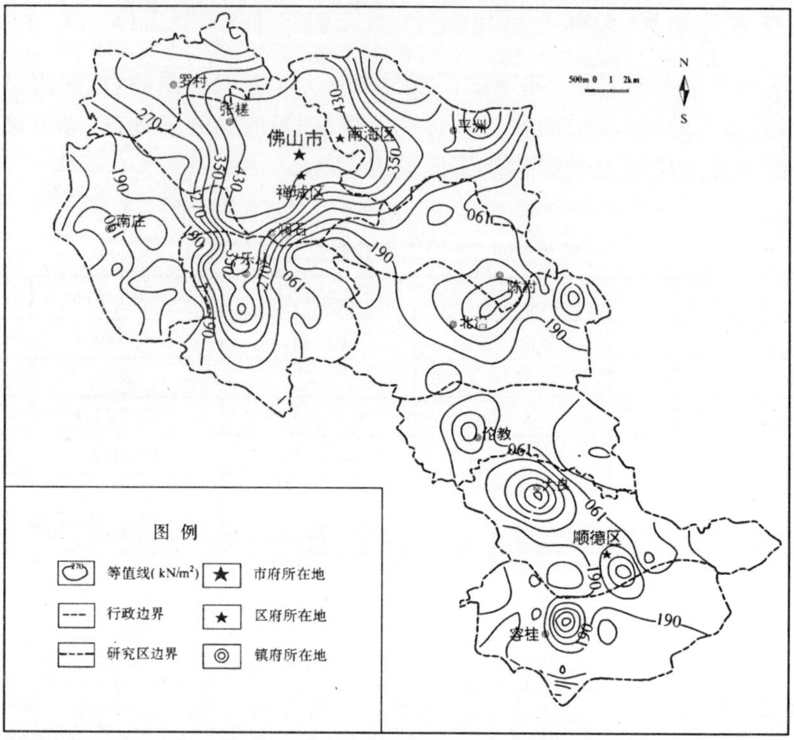

图 4－9　研究区现状附加应力等值线图

应的海潮变幅之比来分析其影响程度。水位变幅和潮汐系数随离海岸距离的增加而衰减，可以用负指数曲线拟合这种变化，不论是波动的周期还是峰、谷出现的时间都与海潮相似，即离海岸近的水位变化比离海岸远的观测孔水位变化明显。

以二维饱和地下水运动方程为控制方程，分别考虑自由边界（潜水面）和动边界（潮汐海平面边界），并且还考虑了沙滩倾角和浸润面，可以得出地下水水位受潮汐影响的变化规律：振幅衰减、不对称性、相位滞后。在潮汐边界的影响下，滨海地下水水位经周期平均后高于不受潮汐影响的地下水稳定水位，即滨海地下水水位在潮汐影响下存在超高。Nielsen(1998)通过野外实验观测总结了形成内陆水位超高的 3 个原因：浸润面的形成、非垂直沙滩导致的边界条件不对称以及控制方程的非线性因素。Li 等(2003)进一步证实由于非线性效应和沙滩倾角的影响，潮汐会产生内陆地下水水位超高；当海岸沙滩角度较小时，这种由于潮汐产生的超高是非常明显的。潮汐海平面的周期变动带动相邻的地下水水位波动，但地下水在沙滩斜坡上的"出点"与海平面线并不一定重合(图 4－10)。"出点"与海平面线之间的区域即定义为浸润面。浸润面大多出现在落潮时，对沙滩泥沙运移有重要的影响。浸润面的出现更是形成地下水平均水位超高的一个重要原因。

地面沉降是土层中孔隙水承担的孔隙水压力和土骨架承担的有效应力发生变化的结果。处于平衡状态的含水系统，当地下水下降时，孔隙水压力减小，原先的土、水平衡状态被破坏，有效应力发生变化，土体产生变形。由于土体的非线弹性及其多孔性，土体的力学性质、储水性和透水性都将随之变化。地面沉降是土和水相互作用、内部应力发生变化的外在表现。它

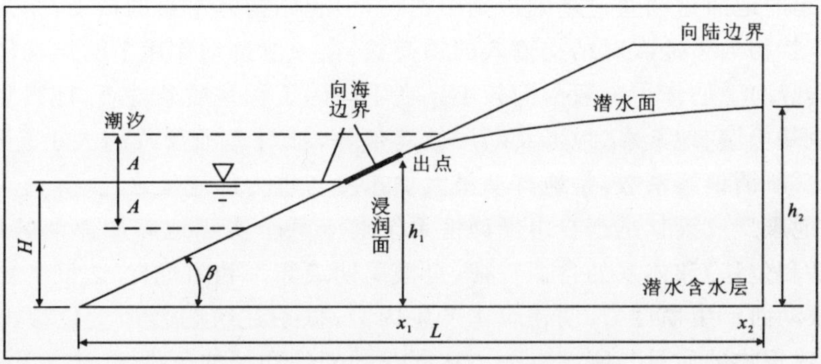

图 4-10　潮汐影响地下水位示意图

与土的变形特性和水的渗流情况密切相关。当地下水位下降时，水位两端就会出现水头差，形成渗流场，改变了孔隙水压力和土骨架承担的有效应力结构，使有效应力增加，产生软土的压密变形，从而导致地面沉降。总之，地下水变动对软土的影响主要是通过改变孔隙水压力，而孔隙水压力可定性为一个动压力，它产生时由于地下水位变动形成水头差，使地下水水位流动造成土体中的孔隙水慢慢减小，而有效应力则随着孔隙水的逐步减小而相应的增加，最终导致土体结构发生破坏。

由于潮汐作用对海潮引起的海岸带地下水水位波动幅度随离海岸距离增加而减小，所以潮汐对佛山地区软土的潮汐效应相应减弱，可以近似估算得减弱系数 a，潮汐的振幅 A，水平波长为 L。绘制研究区流网，得到每一流网格的平均水力梯度 i，从而求得作用在网格上的渗流力 J_i：

$$J_i=\gamma_w A_i \tag{4-10}$$

式中：γ_w——水的重度；

A_i——网格面积。

得到每一个网格上的渗透力 J_i 后，便可求得地下水变动滑弧范围内渗透力的合力 T_j，其竖直方向的渗流分力就是在潮汐作用下形成的一个附加荷载。

3. 动荷载引起的附加应力

土在动荷载作用下的变形通常包括弹性变形和塑性变形两部分。当动荷载较小时，主要表现为弹性变形，而当动荷载增加时，塑性变形逐渐产生和发展。因此，当土体在小应变幅度情况下工作时，土将呈现出近似弹性体的特征。这种小应变的动应力应变关系控制了波在土中的传播速度；但是，当动应变增大时，动荷载会引起土的结构的改变，从而引起土的永久变形和强度的损失，使土的动力特性明显不同于小应变幅的情况。因此，对于饱和砂土和粉土，除了需要研究土的强度和变形外，还应考虑因土的结构破坏而引起的孔隙水压力迅速增大并导致土的强度突然损失或急剧降低的现象，即砂土震动液化。所以，对于在动荷载作用下土的性能研究，必须区别小应变幅和大应变幅两种情况。对于小应变幅的情况下，一般只用研究动剪切模量和阻尼比的变化规律，为动力分析提供土的动力参数；但在大应变幅情况下，除了需研究动剪切模量和阻尼比的变化规律外，还必须研究土的动强度和变形问题，且土的动强度和变形问题显得更为重要。由于土具有明显的各向异性，加上地下水的作用，使得土的动应力应变关系极为复杂。

震动波引起的地面运动通过基础传到结构物，引起结构体本身的振动，结构体本身的振动引起的动应力，就相当于地震对结构输入的动荷载，在一般震动作用下对结构体影响较大的是水平作用，对其竖向上的作用一般影响较小。在不同的工程地质条件下，地震竖向动荷载的大小也不同，如地基土壤、地下水、地形及断层破碎带等，都对其动荷载的大小有影响，一般用地震系数来衡量。所谓地震系数，是地震动最大加速度与重力加速度之比，其值大小通过地震反应谱来确定。地震反应谱就是当自由度弹性系统对于某个实际地震加速度的最大反应(可以是加速度、速度和位移)和体系的自振特征(自振周期或频率和阻尼比)之间的函数关系。在地震时，结构因振动面产生惯性力，使建筑物产生内力，振动建筑物会产生位移、速度和加速度。地震力大小与建筑物的质量与刚度有关。在同等的烈度和场地条件下，建筑物的重量越大，受到地震力也越大，其相应的函数关系为：

$$F_{EVK}=\alpha_{vmax}G_{eq} \tag{4-11}$$

$$G_{eq}=0.75G_e \tag{4-12}$$

$$\alpha_{vmax}=0.65\alpha_{max} \tag{4-13}$$

式中：F_{EVK}——结构总竖向地震作用标准值；

G_{eq}——结构等效总重力荷载代表值；

α_{vmax}——结构竖向地震影响系数最大值；

G_e——计算竖向地震作用时，结构总重力荷载代表值，应该取各质点重力荷载代表值之和。

查阅分析佛山地区地震情况和表4－2，可以取$\alpha_{max}=0.08$，则$\alpha_{vmax}=0.65\times0.08=0.052$。

表4－2　α_{max}大小的取值参照

设防烈度	6	7		8		9
设计基本地震加速度值(g)	0.05	0.10	0.15	0.20	0.30	0.40
地面地震动峰值加速度分区(g)	0.05 0.04～0.09	0.10 0.09～0.14	0.15 0.14～0.19	0.20 0.19～0.28	0.30 0.28～0.38	0.40 ≥0.38
α_{max} 多遇地震	0.04	0.08	0.12	0.16	0.24	0.32
α_{max} 基本烈度地震	0.12	0.23	0.34	0.45	0.68	0.90
α_{max} 罕遇地震		0.50	0.72	0.90	1.20	1.40

第五节　沉降预测结果分析

一、假设研究区所有建筑物的地基按GB50007—2002进行处理

地基处理主要有以下几种情况：

(1)当地基土由均匀的压缩性较小的土层构成时，该土层即可作为持力层。

(2)若压缩层范围内上部土层压缩性较大(软土),下部土层压缩较小,则应依软土厚度及建筑物类型进行综合考虑:①当软土厚度不超过2m时,将下部土层作为持力层;②当软土厚度为2～5m时,低层轻型建筑物用上部土层作持力层,对高层建筑及有地下室的一般混合结构,以下部土层为持力层;③当上部软土厚度大于5m时,对一般荷载不大的建筑物(3～5层以下混合结构,无吊车的单层厂房)以上部土层为持力层。

(3)当地基土上部土层压缩性较小,而下部为压缩性较大的软土时,应依上部土层厚度情况来决定基础埋深;当上部土层厚度足够大时,则以上部土层为持力层,并尽量减小基础埋深,以利减小压缩层内软土所受影响的厚度。

(4)当地基土由多层软硬土层交替组成时,根据各土层厚度及压缩性,以减小基础沉降的原则来决定基础埋深。

根据建筑物的地基按照建筑地基基础设计规范GB50007—2002的地基处理情况,假设佛山市中心城区所有建筑物都进行了地基处理,按照分层总和法计算出预测最终沉降量,得到研究区预测最终沉降量等值线图(图4-11)。

研究区若按GB50007—2002地基处理后预测的最终沉降量为1～26.975cm,且区域上分布均匀,大部分地区的最终沉降量小于10cm,沉降量在5cm以下的区域占了绝大多数[图4-11(a)]。最终沉降量达到或超过10cm的区域有:罗村联星—张槎敦厚—平洲扶西周围、乐从西村—澜石黎涌—平洲石硝一线、容桂四基—大良范沙一线。这3个区域也构成了研究区在这种工况条件下的沉降中心。可见,如果研究区严格按GB50007—2002进行地基处理,区域上的沉降量相对较小,以5cm以下为主,基本满足建筑规范要求;但是罗村联星—张槎敦厚—平洲扶西周围、乐从西村—澜石黎涌—平洲石硝一线、容桂四基—大良范沙一线仍然存在超过10cm的最终沉降量,这些地区的地基必须进行特殊处理才能满足建筑规范要求。

根据研究区若按GB50007—2002地基处理后预测的最终沉降量,构建了研究区沉降立体效果图[图4-11(b)],更加直观地显示了研究区GB50007—2002地基处理工况条件下区域沉降的空间分布情况。

二、假设研究区所有建筑物的地基皆不进行处理

若研究区所有建筑物都不进行任何地基处理,直接将相应附加应力作用于地基之上,按照分层总和法计算出预测最终沉降量,得到研究区未处理地基预测最终沉降量等值线图(图4-12)。

图4-12表示佛山市的最终沉降量在1～139.73cm,同样在区域上沉降量各异,大部分地区沉降量超过20cm,在乐从最大沉降量达到139.73cm。最终沉降量超过60cm的区域有:罗村镇—张槎郊边周围、禅城区东—澜石奇槎—平洲藤冲周围、乐从南村—苏地周围、容桂幸福—南江—大良范沙一线。沉降量达到60cm的区域还有平洲杜地周围、伦教仕版周围、伦教顺利周围。可见,如果研究区不进行任何地基处理,区域上的沉降量相当大,以20cm以上为主,不满足建筑规范要求,这也从一个侧面说明了研究区软土地基对建筑物的影响程度,佛山市中心城区修建建筑物时必须进行软土地基处理。

图4-11和图4-12表示,无论采用哪一种工况条件计算得出的佛山市中心城区预测地面最终沉降量,其分布趋势表现出区域上的不均匀性,并且相对沉降中心主要集中在张槎附近、禅城区、乐从以及容桂。同时可以看出,两种计算结果数值差异较大,因为按国家规范建筑

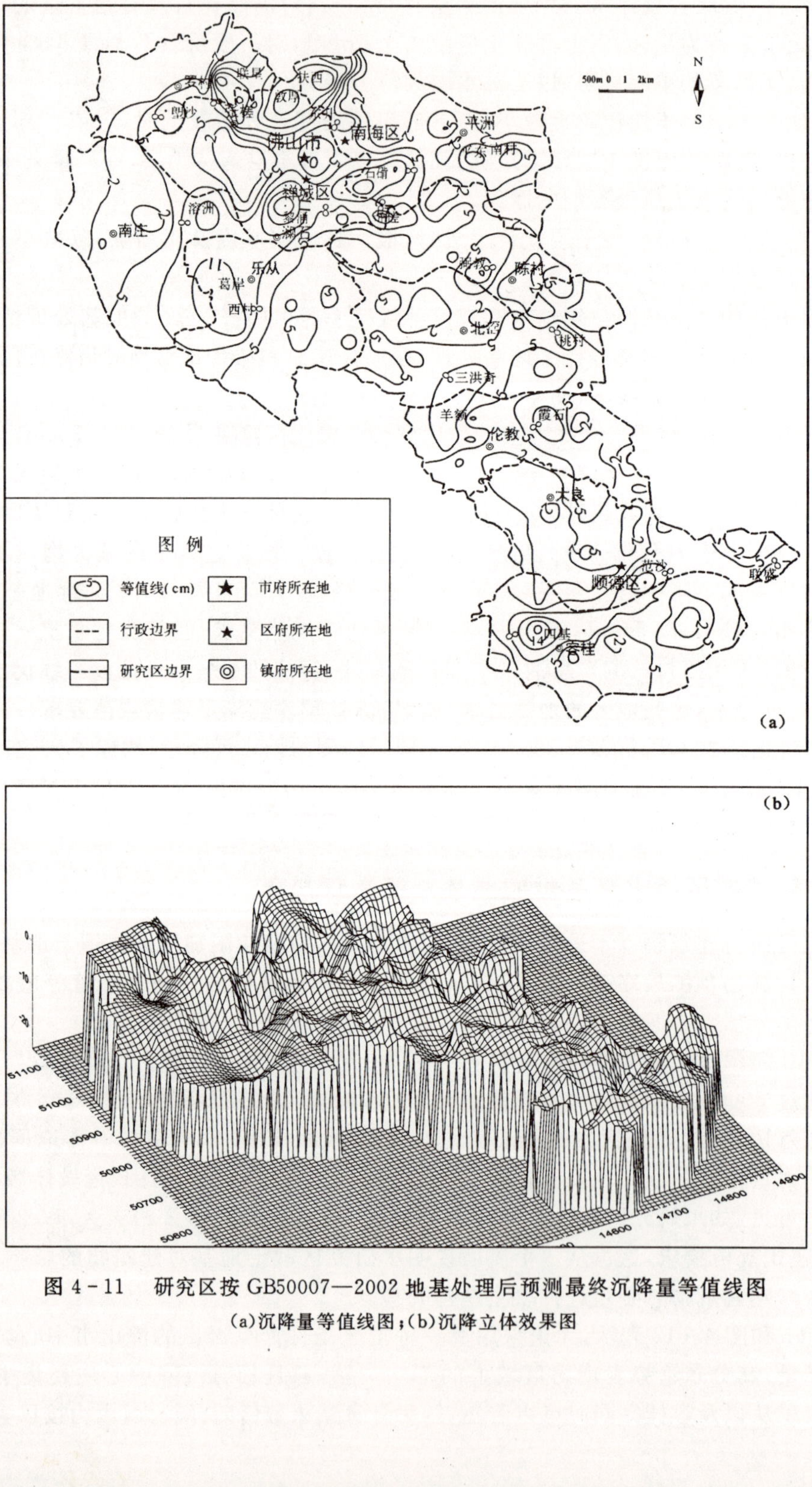

图 4-11　研究区按 GB50007—2002 地基处理后预测最终沉降量等值线图

(a)沉降量等值线图；(b)沉降立体效果图

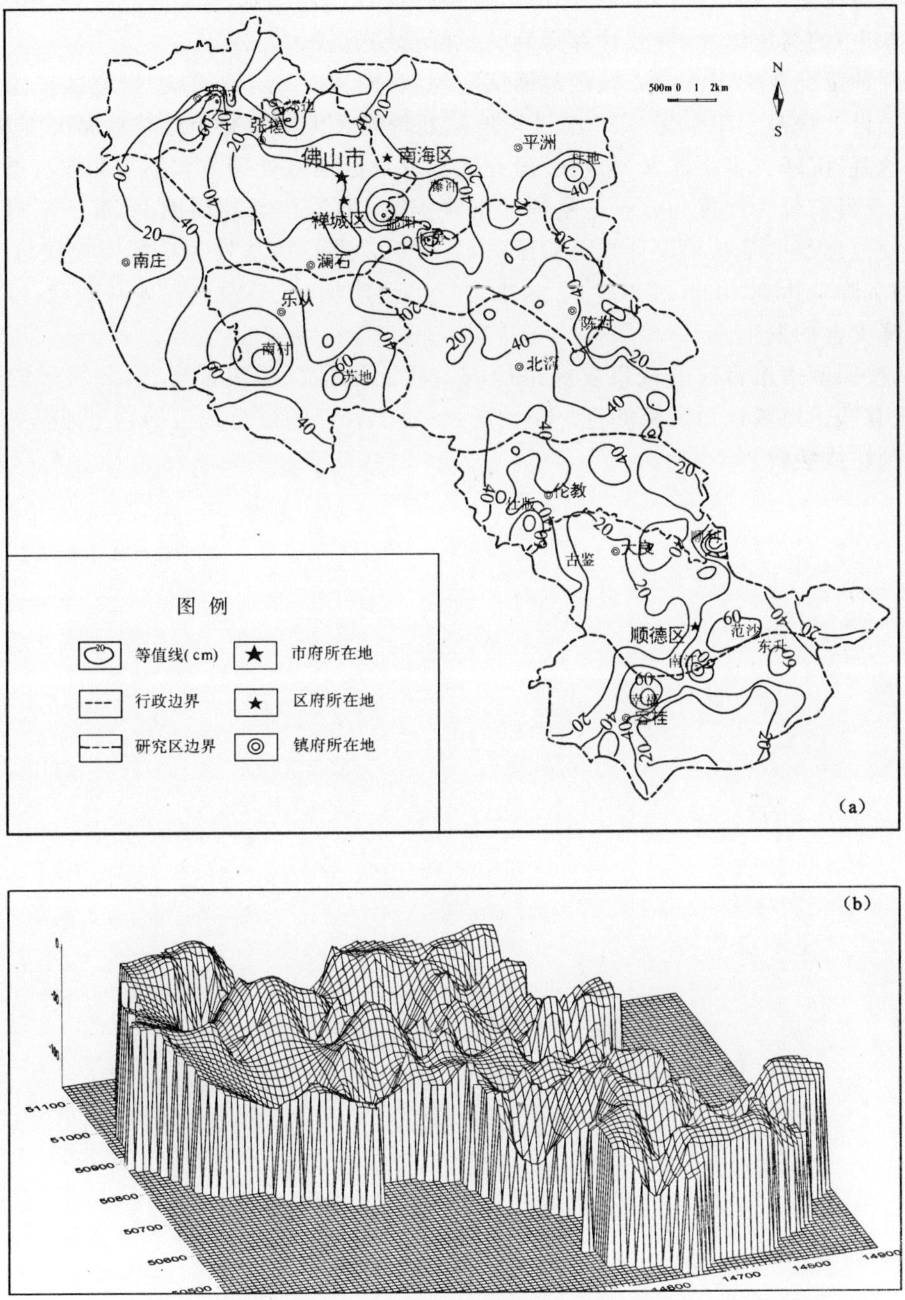

(b)

图 4－12　研究区未处理地基预测最终沉降量等值线图

(a)沉降量等值线图;(b)沉降立体效果图

地基基础设计规范 GB50007—2002 计算时，对地基尤其是表层软土进行了处理，大多摒弃了浅层较薄的软土层，附加荷载主要作用于下伏砂层和黏土层，计算得到的沉降量值大大减小；而对研究区所有建筑物地基都不进行处理，直接将荷载作用于天然地基土层上，由于软土（尤其是浅层软土）的高压缩性，导致计算得到的沉降量明显较大。

对比两种工况及佛山市中心城区地面沉降现状（图 4－12），说明：①研究区按国家规范建筑地基基础设计规范 GB50007—2002 进行地基处理能大大减小软土地基地面沉降量，如果不处理软土地基，沉降灾害将非常严重；②研究区部分地区地基处理方式不当和没有进行有效处理，导致出现目前较为严重的软土地基地面沉降灾害，如容桂高黎周围、北滘—陈村—平洲周围按国家规范建筑地基基础设计规范 GB50007—2002 进行地基处理后沉降量接近 5cm 或以下，但实测沉降量达到 10cm 或以上；③未来进行工程建筑时，必须进行地基处理，减少软土地基地面沉降灾害的发生。

总之，按照佛山市目前的城市发展格局以及软土地基沉降灾害现状，必须采取合理的措施，控制现有软土地基地面沉降的进一步发展，新建工程必须进行相应的软土地基处理以对地面沉降作预防或缓解。

第五章　软土地基工程地质特性评价

在城市的发展过程中，必须评估城市建设区和发展规划区的地质环境优势条件或制约因素，合理地适应和利用城市的水文地质条件、工程地质条件和环境地质条件，进行工程地质评价，最大限度地利用地质环境条件适宜区、基本适宜区，规避高风险区，并予以酌情改造和治理中等风险区，最终使城市管理者做出科学决策。

第一节　软土地基工程地质特性评价方法

对佛山市中心城区软土地基进行工程地质评价的目的，就是根据地面沉降现状和未来发展趋势，划分出极易沉降区（Ⅳ）、易沉降区（Ⅲ）、一般沉降区（Ⅱ）、轻微沉降区（Ⅰ），以此为依据，指出对建筑物有利和不利因素，选择地质条件优良的建筑场址，并提出有关建筑物类型、规模、结构和施工方法的合理建议，以及保证建筑物正常使用所注意的地质要求，为拟定改善和防止不良地质作用的措施方案提供参考。在进行分区评价时，必须在保证地上建筑物的安全使用的前提下，将诱发的危害降到最低。同时根据软土分布、厚度及规模，结合诱发地面沉降的因素，如地质条件、自然地理条件、人类工程活动因素等，并参考目前地面沉降现状，以定性评价和空间分析定量评价相结合来确定划分为重点控制区、次重点控制区、一般控制区。目的是为佛山市城市建设和规划提供地质依据。

在进行分区时，必须遵循以下原则：①选择适当沉降量阀值，并能合理反映可能造成的地面沉降程度；②每级分区必须考虑反映软土在空间上分布对沉降的影响；③综合考虑人类工程活动，尤其是地上建筑物分布的影响。

用于工程地质分区的方法很多，一般采用定性和定量方法相结合，定量分析方法有袭扰系数法、信息量法、模糊评判法以及综合评价法等。定性分析方法则综合考虑地层分布、规模以及人类工程活动等因素，如工程地质类比法。由于本研究只是针对软土地基沉降程度进行评价和分区，以此作为软土地基地面沉降防治的基础，故采用多工况综合叠加的评价方法进行分区。

在进行分区时，考虑沉降量在空间上的分布规模、出现频数等，将佛山市划分为极易沉降区（Ⅳ）、易沉降区（Ⅲ）、一般沉降区（Ⅱ）、轻微沉降区（Ⅰ）。在按沉降程度对软土地基工程地质特性进行分区时，沉降量采用的阈值见表 5－1。

表 5-1　以地面沉降量对软土工程特性分区的阈值表

	地面沉降量(cm)			
分区级别	轻微沉降区(Ⅰ)	一般沉降区(Ⅱ)	易沉降区(Ⅲ)	极易沉降区(Ⅳ)
调查现状	＜2	2～5	5～10	＞10
按 GB50007—2002 进行处理	＜2	2～5	5～10	＞10
不进行任何地基处理	＜10	10～30	30～50	＞50

第二节　软土地基沉降分区

一、现状分区评价

从图 5-1 可以看出，研究区现状沉降程度共分为 4 个等级：Ⅰ. 轻微沉降区、Ⅱ. 一般沉降区、Ⅲ. 易沉降区、Ⅳ. 极易沉降区，所占比例分别为：23%、39%、27%、11%。基本形成了乐从—南庄、陈村—北滘—平洲两大沉降中心，且在容桂镇、罗村镇零星分布有大的沉降小区。对各区分布及沉降原因分析如下：

1. Ⅳ区(极易沉降区)

分布面积为 75.881 3km^2，其分布及主要沉降原因为：①罗村镇西北角芦塘周围，第一层软土厚 8m 左右、第二层软土厚 5～10m，均较厚；②南庄镇西北角紫南—罗格一带，第二层软土厚 10～20m，厚度大；③南庄镇吉利、醒群、杏头周围，第一层软土厚 2～5m，第二层软土厚 5m，且该处工业相对发达，地基处理不当；④乐从镇沙边周围，第一、二层软土厚度均为 5m，且该区域工业发达，地基处理不当；⑤乐从镇大闸周围，第二层软土厚 10～20m，厚度大。⑥南庄镇溶洲及乐从镇小布一带，第一层软土厚 2～5m，第二层软土厚 5～15m，且该区域附加荷载相对大；⑦张槎镇深村周围，第一层软土厚 5m，第二层软土厚 5～10m，且该区域附加荷载最大为 440kPa；⑧平洲镇周围，第一层软土厚 2～5m，第二层软土厚 5m，虽然该区域有 5～10m 厚砂层，但地基处理不当；⑨陈村镇仙涌周围，第二层软土厚 10～15m，相对较厚；⑩陈村镇勒竹周围，第二层软土厚度为 5～10m，相对较厚；⑪北滘镇周围，第二层软土厚度为：10～15m，相对较厚；⑫容桂镇高黎周围，第二层软土厚为 10～20m，相对较厚。

2. Ⅲ区(易沉降区)

分布面积为 197.835 3km^2，其分布及主要沉降原因为：①罗村镇罗村—塱沙周围，第一层软土厚为 5～8m，厚度大；②南庄镇湖涌周围，第二层为 15m，厚度大，但存在 15m 厚砂层作为持力层；③张槎镇石湾周围，第二层厚度为 5m，且附加荷载值为 360～440kPa；④南庄镇贺丰、杏头周围，第一、二、三层软土分别为 5m，但有 10～15m 厚砂层作为持力层；⑤乐从镇北上—北村—新隆—黎湖—苏地围成的区域内，第二层厚度为 10～20m，但有 15～20m 厚砂层作为持力层；⑥平洲镇夏南—石洲区域内，第一层软土厚为 5～8m，第二层软土厚为 5m，且区域上砂层厚度小；⑦陈村镇赤花—合成—二龙围成区域内，第二层软土厚度为 10～20m，且砂层厚度小；⑧北滘镇西滘—林头—广教—三洪奇，第二层软土厚度为 10～15m，且砂层厚度小；⑨伦教镇霞石，第二层软土厚 15～20m，且砂层厚度小；⑩伦教镇仕版周围，第一层软土厚度为 5～20m，且砂层厚度小；⑪大良镇顺利—逢沙周围，第一层软土厚度为 5～15m、第二层软土厚度为 10～20m，且该区域建筑物相对较新，地基处理适当；⑫容桂镇大福基—卫红—海尾周围，第一层软土厚 2～8m、第二层软土厚 5～15m，砂层厚度小；⑬容桂镇大岗周围，第二层软土厚度为 10～15m，且砂层厚度小。

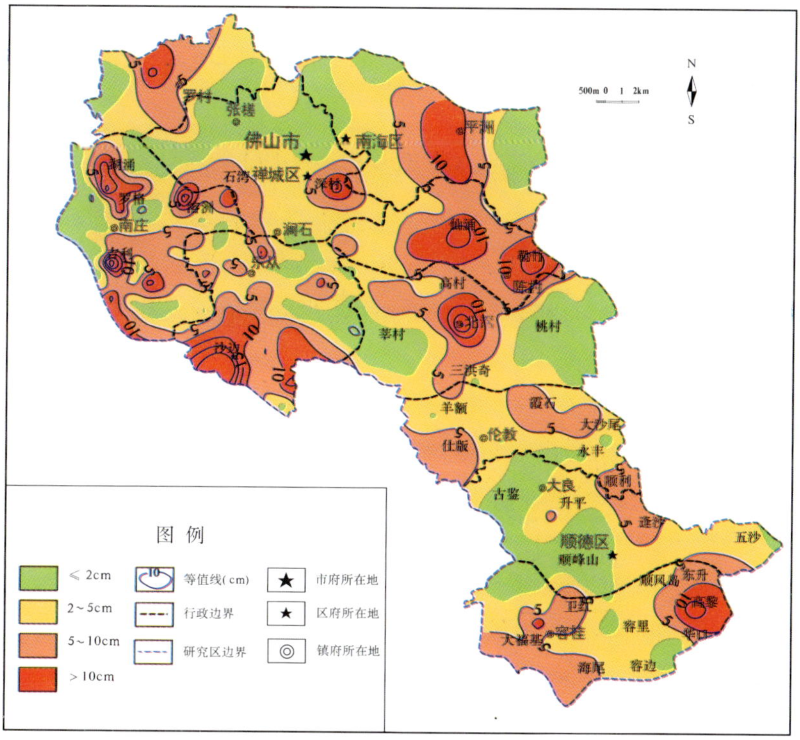

图 5－1　研究区软土地基实测沉降量现状分区图

3. Ⅱ区(一般沉降区)

分布面积为 284.971 8km²，该区域基本贯穿整个工作区域，沉降量相对较小，其沉降原因综合分析为：第一层软土厚度一般小于 5m，第二层软土厚度以5～10m为主，局部达到 15m，但一般沉降区域上存在 10～20m 厚砂层作为持力层，故沉降量相对较小。

4. Ⅰ区(轻微沉降区)

分布面积为 164.311 5km²，该区内沉降量值均小，属于轻微沉降。其分布及影响沉降主要因素为：①罗村镇下柏周围，该区域有基岩出露，软土厚度小；②张槎镇大富—张槎—联星，该区域第一层软土厚度为 5～8m、第二层软土厚度为 2～5m，附加荷载为 360～440kPa，但区域有 5～10m 厚砂层，且建筑物较新，基础处理适当，故沉降量较轻微；③张槎镇普君—叠北周围，虽然附加荷载为 360～440kPa 较大，但第一、二层软土厚度均小于 5m，且区域建筑物基础处理适当；④南庄镇隆庆周围，第一层软土厚度小于 2m，第二层软土厚度为 5～10m，但有 10～15m 厚砂层作为持力层；⑤乐从镇荷村周围，第一、二层软土厚度均小于 5m，且有 5～10m 厚砂层作为持力层；⑥乐从道教—北滘莘村周围，虽然第一、二层软土厚度为 5～8m，砂层厚度较小，但该区域建筑物地基处理较好；⑦平洲镇东区周围，虽然第一层软土厚度为 8m，但该区域砂层厚度为 10m 左右，可以作为持力层；⑧北滘镇桃村周围，第一层软土厚度小于 5m、第二层软土厚度为 5～10m，但此区域有 15～20m 厚砂层作为持力层，且局部有基岩出露；⑨大良顺峰山—古鉴—鸡洲周围，第一层软土厚度为 5～8m、第二层软土厚度小于 5m，但区域有 10m 左右厚砂层作为持力层，且该区域有较多基岩出露。

由此看来，目前佛山市软土出现地面沉降主要受第一层和第二层软土影响，其中，出现沉降量大于 5cm 的Ⅲ区、Ⅳ区，主要出现在第二层软土厚度大于 10m 的区域，这些地区需要对软土地基进行工程处理，部分沉降量较大地区，需布设沉降观察点，监测地面沉降变化，防止事故发生。

二、按照建筑地基基础设计规范 GB50007—2002 进行地基处理的分区评价

从图 5－2 可以看出，研究区按照建筑地基基础设计规范 GB50007－2002 进行地基处理后沉降程度共分为 4 个等级：Ⅰ. 轻微沉降区、Ⅱ. 一般沉降区、Ⅲ. 易沉降区、Ⅳ. 极易沉降区，所占比例分别为：19％、34％、37％、10％。对各区分布及沉降原因分析如下。

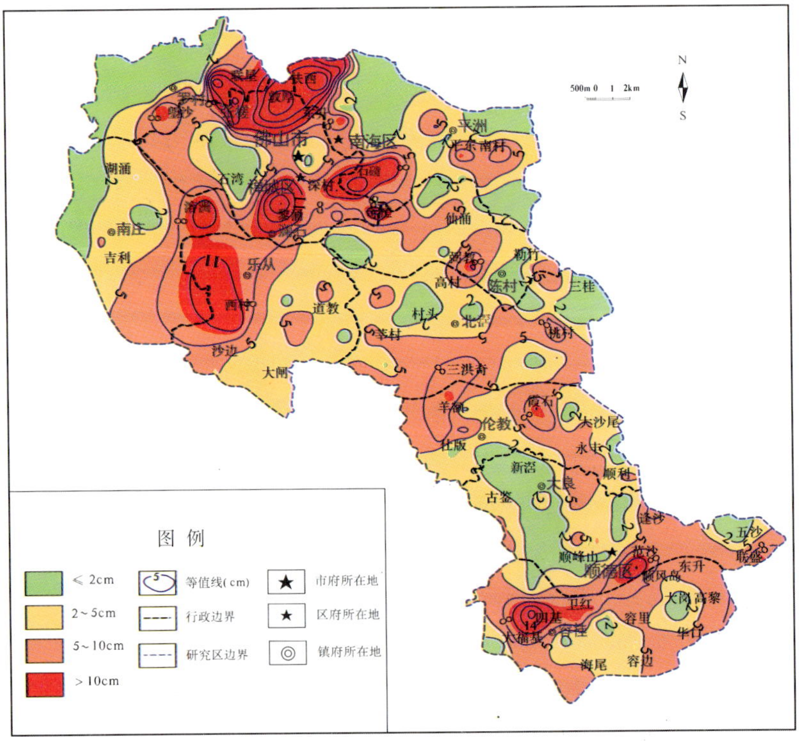

图 5－2　研究区软土地基按 GB50007—2002 处理后分区图

1. Ⅳ区（极易沉降区）

分布面积为 75.392 3km^2，其分布及主要沉降原因为：①罗村镇塱沙周围，第一层软土厚 5～8m，第二层软土厚 5～10m，均较厚；②张槎镇联星—升平—叠北周围，第一层软土厚 2～5m，第二层软土厚 5m，第三层软土厚 5m，且没有砂层作为持力层；③南庄溶洲—乐从镇葛岸

周围，第一层软土厚5m，第二层软土厚 5～10m；④张槎镇城南—澜石一带，第一、二层软土厚度均为 5m，没有砂层作为持力层；⑤平洲镇石硝周围，第一层软土厚 2～5m，第二层软土厚 10m；⑥伦教镇霞石周围，第二层软土厚度为 20m，相对较厚；⑦大良镇范沙，第二层软土厚 15～25m，且砂层厚度小；⑧容桂镇卫红—穗香周围，第一层软土厚 5～8m，第二层软土厚 5m，砂层厚度很小。

2. Ⅲ区(易沉降区)

分布面积为 266.920 8km²，其分布及主要沉降原因为：①罗村镇南星—张槎大富—南庄上元周围，第二层软土厚度为 10～20m，厚度大，且砂层厚度小；②乐从镇沙边—醒群—平步藤冲周围，第二层软土厚 5～10m；③张槎镇祖庙—桂城—鄱阳—平洲镇平胜—陈村镇仙涌周围，第一层软土厚 2～5m，第二层软土厚 5～10m，没有砂层作为持力层；④平洲镇南村周围，第一、二层软土厚 5m；⑤陈村镇弼教周围，第二层软土厚 15m；⑥北滘镇广教—三洪奇—伦教羊额—新塘周围，第二层软土厚 10～15m；⑦北滘桃村—伦教镇叠石—永丰，第二层软土厚 10～15m；⑧容桂镇梁家庄—永兴社—大福基—细滘—幸福—德胜周围，第一层软土厚 5～8m，第二层软土厚 5m，且砂层厚度不大；⑨容桂镇小黄圃—扁滘—华口—顺风岛—上涌—沙坑—大良镇逢沙周围，第一层软土厚 2～8m，第二层软土厚 5～20m，且砂层厚度小。

3. Ⅱ区(一般沉降区)

分布面积为 245.029 8km²，该区域基本贯穿整个工作区域，沉降值小，其沉降原因综合分析为：第一层软土厚度一般小于 5m，第二层软土厚度以小于 10m 为主，局部达到 15m，但一般沉降区域上存在 10～20m 厚砂层作为持力层，故沉降量相对较小。

4. Ⅰ区(轻微沉降区)

分布面积为 135.657 1km²，该区内沉降量值均小，属于轻微沉降。其分布及影响沉降主要因素为：①罗村镇芦塘—下柏—南庄镇紫洞—隆庆周围，该区域有大片基岩出露，虽然局部有软土，但厚度不大；②张槎镇江湾周围，区域较多基岩出露，故沉降量较轻微；③平洲镇夏南—夏北周围，虽然第一层软土厚度小于 2m，第二层软土厚度小于 5m，但该区域砂层厚度为 15m 左右，可以作为持力层；④平洲镇东区—北区与平南周围，第一层软土厚度 2～5m，第二层软土厚度小于 5m，且有 15m 左右厚砂层作为持力层，并有基岩出露；⑤陈村镇西林岗及平洲林岳周围，第一层软土厚 2～5m，第二层厚 5m，有 10m 厚砂层作为持力层，该区域出露基岩较多；⑥陈村镇登洲周围，第一层软土厚度小于 2m，第二层软土厚度 5～10m，且有 10m 左右厚砂层作为持力层；⑦北滘镇三桂—坤洲—陈村镇勒竹—南涌周围，第一层软土厚 2～5m，第二层软土厚 5～10m，有 10m 厚左右砂层作为持力层，且该区域有大片基岩出露；⑧大良顺峰山—新滘周围，该区域有大片基岩出露；⑨容桂镇五沙周围，第一层软土厚度小于 2m，第二层软土厚度小于 5m，且有 15m 厚砂层作为持力层；⑩容桂镇上佳市周围，第一层软土厚度 2m 左右，第二层软土厚度 5～10m，但有 10m 左右厚砂层作为持力层，且有基岩出露。

三、不进行地基处理的分区评价

从图 5－3 可以看出，研究区不进行地基处理的沉降程度共分为 4 个等级：Ⅰ．轻微沉降区、Ⅱ．一般沉降区、Ⅲ．易沉降区、Ⅳ．极易沉降区，所占比例分别为：12.4％、33.4％、38.4％、15.8％。对各区分布及沉降原因分析如下：

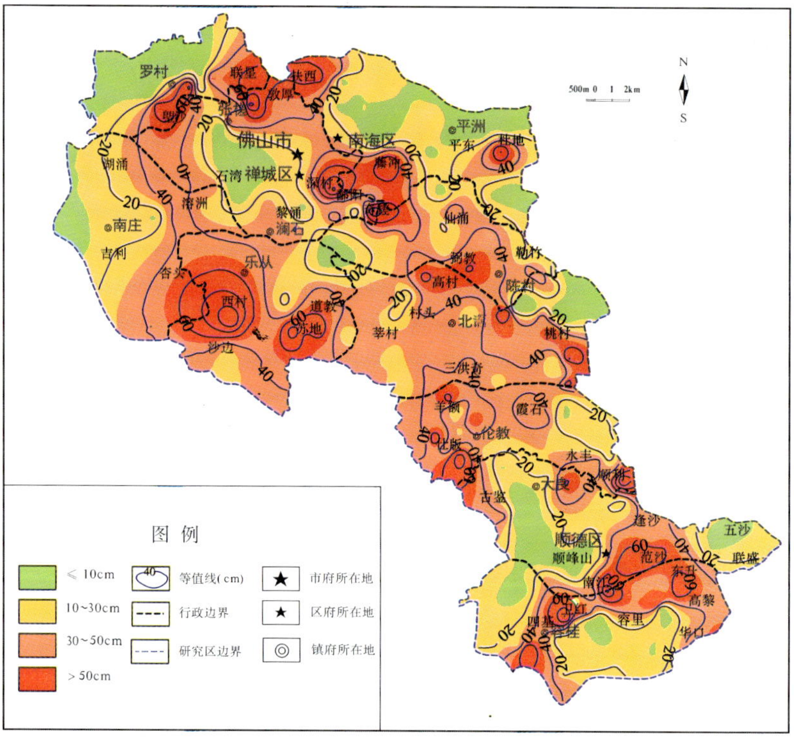

图 5-3　研究区不进行地基处理的分区图

1. Ⅳ区(极易沉降区)

分布面积为 113.990 2km²,其分布及主要沉降原因为:①罗村镇塱沙周围,第一层软土厚 5~8m,第二层软土厚 5~15m,均较厚;②张槎镇普君—叠北周围,第一、二层软土均厚 5m,第二层软土厚 5m,且没有砂层作为持力层;③乐从镇—杨滘—新隆周围,第一层软土厚度 5m,第二层软土厚 5~10m;④张槎镇鄱阳—藤冲—奇槎一带,第一层软土厚 5m,第二层软土厚 5~10m;⑤平洲镇杜地南周围,第一层软土厚 8m,第二层软土厚 5m;⑥陈村镇弼教至北滘镇高村一带,第二层软土厚 15m,相对较厚;⑦北滘镇桃村周围,第一层软土厚 8m,第二层软土厚度为 10m,相对较厚;⑧伦教镇仕版东南部周围,第一层软土厚 8~20m,第二层软土厚 5~10m,相对较厚;⑨大良镇东,第一层软土厚 20m 左右、第二层软土厚 15~25m;⑩大良镇范沙—容桂镇小黄圃周围,第一层软土厚 10m 左右,第二层软土厚 15~30m;⑪容桂镇卫红周围,第一层软土厚 8~11m,厚度大;⑫容桂镇红旗周围,第二层软土厚 5~8m,第二层软土厚 5~10m。

2. Ⅲ区(易沉降区)

分布面积为 277.602 3km²,其分布及主要沉降原因为:①罗村镇罗村—塱沙—张槎大富—南庄镇溶洲周围,第二层软土厚 10~20m,厚度大,且砂层厚度小;②乐从镇沙边—醒群—上华—平步藤冲周围,第二层厚 5~10m;③乐从镇岳步—北滘镇莘村周围,第二层厚度为 5~15m,且砂层厚度小;④张槎镇街边—张槎—东升周围,第一、二层软土分别厚 5m,没有砂层作为持力层;⑤张槎镇桂城—鄱阳—平洲镇瓜布—陈村镇大都围成区域内,第二层厚度为 5~20m;⑥平洲镇杜地周围,第一层软土厚为 5m;⑦陈村镇陈村—石洲,第二层软土厚度为 10~

15m，且砂层厚度小；⑧北滘镇水口—马村—广教—西海，占北滘镇的大半，第二层软土厚度为10～15m；⑨伦教镇羊额—霞石—伦教—古鉴，第二层软土厚10～15m；⑩伦教镇永丰—大良顺利周围，第二层软土厚10～20m，且砂层厚度不大；⑪大良镇逢沙周围，第二层软土厚15～20m，且砂层厚度不大；⑫容桂镇顺风岛—高黎—平胜周围，第一层软土厚2～8m，第二层软土厚10～15m，砂层厚度小；⑬容桂镇四基—华平沙周围，第一层软土厚2～8m，第二层软土厚5m，且砂层厚度小。

3. Ⅱ区（一般沉降区）

分布面积为241.711 5km^2，该区域基本贯穿整个工作区域，沉降值小，其沉降原因综合分析为：第一层软土厚度一般小于5m，第二层软土厚度以小于10m为主，局部达到15m，但一般沉降区域上存在10～20m厚砂层作为持力层，故沉降量相对较小。

4. Ⅰ区（轻微沉降区）

分布面积为89.696 0km^2，该区内沉降量值均小，属于轻微沉降。其分布及影响沉降主要因素为：①罗村镇下柏—芦塘周围，该区域有大片基岩出露，虽然局部有软土，但厚度不大；②张槎镇江湾周围，区域较多基岩出露，故沉降量较轻微；③南庄镇隆庆周围，第一层软土厚度小于2m，第二层软土厚度为5～10m，但有10～15m厚砂层作为持力层；④平洲镇夏南—北区周围，虽然第一层软土厚度小于5m，第二层软土厚度小于5m，但该区域砂层厚度为10m左右，可以作为持力层，且局部有基岩出露；⑤平洲镇林岳周围，该区域出露基岩较多第四系厚度不大；⑥陈村镇登洲周围，第一层软土厚度小于2m，第二层软土厚5～10m，且有10m左右厚砂层作为持力层；⑦北滘镇三桂—坤洲—都宁岗周围，该区域有大片基岩出露；⑧大良顺峰山—南化—容桂镇马岗周围，该区域有大片基础出露，且区域上第四系厚度小；⑨容桂镇五沙周围，第一层软土厚度小于2m，第二层软土厚度小于5m，且有15m厚砂层作为持力层；⑩容桂镇上佳市周围，第一层软土厚2m左右，第二层软土厚5～10m，但有10m左右厚砂层作为持力层，且有基岩出露。

第三节 软土地基沉降灾害防治分区

对研究区地面沉降现状分区图（图5－1）、软土地基按GB50007—2002处理后分区图（图5－2）、不进行地基处理的分区图（图5－3）进行综合叠加，叠加原则见表5－2。

表5－2 综合叠加分区原则

综合分区						
综合分区		现状分区	Ⅳ	Ⅲ	Ⅱ	Ⅰ
		地基处理分区	Ⅳ	Ⅲ	Ⅱ	Ⅰ
		不处理分区	Ⅳ	Ⅲ	Ⅱ	Ⅰ
重点防治区	Ⅳ	①出现两个Ⅳ的区域；②出现一个Ⅳ并同时出现两个Ⅲ的区域				
次重点防治区	Ⅲ	①出现两个Ⅲ的区域；②出现一个Ⅲ并同时出现两个Ⅱ的区域				
一般防治区	Ⅱ	①出现两个Ⅱ的区域；②出现一个Ⅱ并同时出现两个Ⅰ的区域				
安全区	Ⅰ	①出现两个Ⅰ的区域；②以上剩余的区域				

为了评价佛山市软土地基工程特性，以佛山市已经出现地面沉降和未来的发展趋势为基础，综合考虑地质环境因素，对软土地基工程地质特性进行分区(图 5－4)。分别划分为重点防治区(Ⅳ区)、次重点防治区(Ⅲ区)、一般防治区(Ⅱ区)、安全区(Ⅰ区)四级。所占比例分别为:23%、30%、36%、11%。

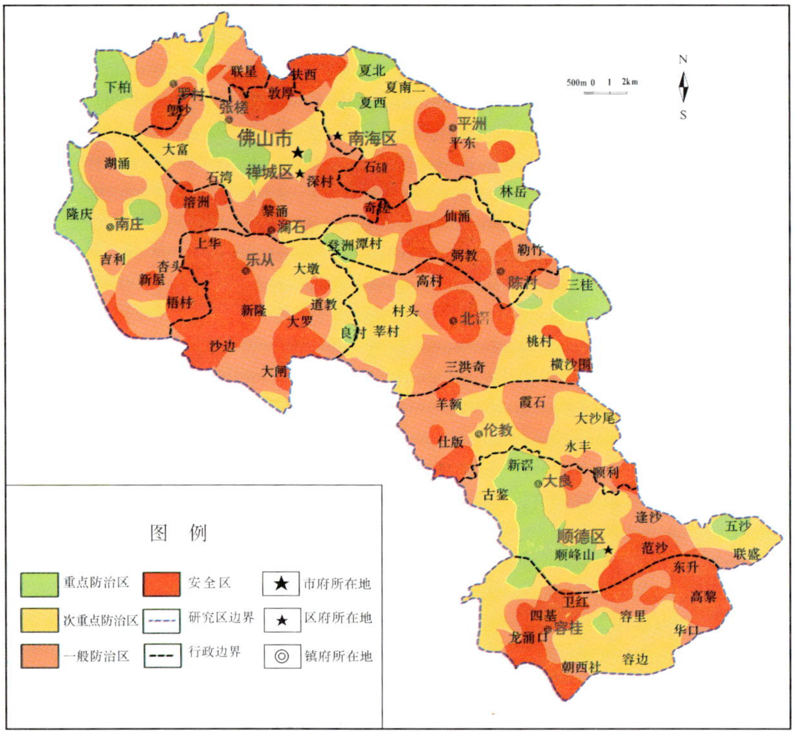

图 5－4　研究区软土地基沉降防治分区图

1. 重点防治区(Ⅳ区)

分布面积为 167.913 6km^2，其分布及特征为:①罗村镇塱沙周围，第一层软土厚 5～8m，第二层软土厚 5～10m，均较厚，且未处理地基预测沉降量分区图在此处为极易沉降区，按国家规范处理地基预测沉降分区图在此处为易沉降区和极易沉降区，实测沉降量分区图在此处为易沉降区；②张槎镇联星—敦厚—平洲镇叠北周围，第一层软土厚 2～5m，第二层、第三层软土厚均为 5m，附加荷载达 390～440kPa，且没有砂层作为持力层，且未处理地基预测沉降分区图在此处为极易沉降区，按国家规范处理地基预测沉降分区图在此处也是极易沉降区；③南庄溶洲周围，第一层软土厚 5m，第二层软土厚 5～10m，虽然有 10m 厚砂层作为持力层，但该区域工业发达，地基处理不当，且未处理地基预测沉降分区图此区为易沉降区，按国家规范处理地基预测沉降分区图此处为极易沉降区；④张槎镇塘头—澜石一带，第一、二层软土厚度均为 5m，没有砂层作为持力层，且该区域附加荷载达 310～440kPa，且未处理地基预测沉降分区图此区为易沉降区，按国家规范处理地基预测沉降分区图此处为极易沉降区；⑤乐从镇良教—沙边周围，第一层软土厚度 5m，第二层软土厚 5～10m，附加荷载达 270～390kPa，且该区域工业发达，地基处理不当，且未处理地基预测最终沉降分区图，按国家规范处理地基预测沉降分区图、实测沉降量分区图在此均为极易沉降区；⑥乐从镇大罗—大闸周围，第二层软土厚20m，且未处理地基预测沉降分区图在此有易沉降区和极易沉降区，按国家规范预测沉降分区图在此为一般沉降区和易沉降区，地面实测沉降量分区图在此为极易沉降区；⑦平洲镇石硝—平胜周围，第一层软土厚2～5m，第二层软土厚10m，虽然该区域有10m厚砂层，但基础处理不当，且未处理地基预测沉降分区图在此为极易沉降区，按国家规范预测沉降分区图在此大部分为极易沉降区，少部分为易沉降区，实测沉降量分区图在此有极易沉降区、易沉降区和一般沉降区；⑧平洲镇平北周围及附近几点极易沉降区，第一层软土厚5～8m，第二层软土厚5m，虽然该区域有5～10m厚砂层，但基础处理不当，且未处理地基预测沉降分区图在此为易沉降区和极易沉降区，按国家规范处理地基预测沉降量分区图在此为易沉降区，实测沉降量分区图在此为极易沉降区；⑨陈村镇仙涌—弼教—锦龙周围，第二层软土厚15m，相对较厚，且未处理地基预测沉降分区图与按国家规范处理地基预测沉降分区图在此均为易沉降区，实测沉降量分区图在此为极易沉降区；⑩北滘镇及横沙围周围，第一层软土厚2～8m，第二层软土厚10～15m，相对较厚，且未处理地基预测沉降分区图在此为极易沉降区，按国家规范处理地基为易沉降区，北滘周围实测沉降分区图为极易沉降区；⑪伦教镇仕版北，第一层软土厚8～20m，第二层软土厚5～10m，相对较厚，且未处理地基预测沉降分区图在此为极易沉降区，按国家规范处理地基预测沉降分区图与实测沉降分区图在此为易沉降区；⑫大良镇东及顺得东，第一层软土厚2～20m，第二层软土厚5～2m，砂层厚度小，且未处理地基预测沉降分区图在此为极易沉降区，按国家规范处理地基预测沉降分区图与实测沉降量分区图在此均为易沉降区；⑬容桂镇卫红—红旗周围，第一层软土厚5～8m，第二层软土厚5m，砂层厚度很小，且未处理地基预测沉降分区图与按国家规范预测沉降分区图在此均为极易沉降区，实测沉降分区图在此为易沉降区；⑭大良镇范沙—容桂镇高黎周围，第一层软土厚2～11m，第二层软土厚15～30m，且未处理地基预测沉降分区图、按国家规范处理地基预测最终沉降分区图及实测沉降分区图在此均为极易沉降区和易沉降区。

2. 次重点防治区(Ⅲ区)

分布面积为215.082 9km²，其分布及主要特征为：①罗村镇罗村—上塱及芦塘周围，第二层软土厚度为10～20m，厚度大，砂层厚度小，且未处理地基预测沉降分区图、按国家规范处理地基预测沉降分区图及实测沉降量分区图在此均为易沉降区；②南庄镇紫洞—罗格周围，第二层软土厚5m，且未处理地基与按国家规范处理地基预测沉降分区图在此均为一般沉降区，实测沉降分区图在此为极易沉降区；③张槎镇莲塘—南庄镇上元周围，第二层软土厚5～15m，砂层厚度小，且未处理地基与按国家规范处理地基预测沉降分区图在此均为易沉降区，实测沉降分区图在此为易沉降区和一般沉降区；④乐从镇醒群—杏头周围，第二层软土厚5～10m，虽然存在厚10～15m砂层作为持力层但区域工业发达，基础处理不当，且未处理地基与按国家规范处理地基预测沉降分区图在此均为易沉降区，实测沉降分区图在此为易沉降区和一般沉降区；⑤乐从镇腾冲—黎湖—道教周围，第一层软土厚5～10m，第二层软土厚5～15m，且未处理地基预测沉降分区图与实测沉降分区图在此为易沉降区，按国家规范处理地基预测沉降分区图在此为易沉降区和一般沉降区；⑥张槎镇联和—升平—平洲镇叠南周围，第一层软土厚2～5m，第二层软土厚5m，没有砂层作为持力层，附加荷载为310～440kPa，且未处理的地基与按国家规范处理地基预测沉降分区图在此均为易沉降区，实测沉降分区图在此为易沉降区和一般沉降区；⑦张槎镇城南—鄱阳—镇安—平洲镇上海村—瓜布—陈村镇大都周围，第一层软土厚 2～5m，第二层软土厚 5～10m，没有砂层作为持力层，且未处理的地基与按国家规范处理地基预测沉降分区图在此均为易沉降区，实测沉降分区图在此为易沉降区和一般沉降区；⑧平洲镇南村—平南—夏东周围，第一、二层软土均厚 5m，虽然有 10m 左右厚砂层，但地基处理不当，且未处理地基与按国家规范处理地基预测沉降分区图在此均为易沉降区和一般沉降区，实测沉降分区图在此为易沉降区；⑨陈村镇二龙—赤花—勒竹周围，第二层软土厚 5～15m，且未处理地基与实测沉降分区图在此均为易沉降区，按国家规范处理地基预测沉降分区图在此为易沉降区和一般沉降区；⑩北滘镇高村—三洪奇—伦教羊额—新塘—仕版周围，第二层软土厚 10～15m，且未处理地基与按国家规范处理地基预测沉降分区图在此均为易沉降区，实测沉降分区图在此为易沉降区和一般沉降区；⑪伦教镇霞石，第二层软土厚 15～20m，砂层厚度小，且未处理地基和按国家规范处理地基预测沉降分区图与实测沉降分区图在此均为易沉降区；⑫伦教镇永丰—大良顺利周围，第二层软土厚 10～20m，砂层厚度不大，且实测沉降分区图与按国家规范处理地基预测沉降分区图在此均为易沉降区和一般沉降区，未处理地基预测沉降分区图在此为易沉降区；⑬容桂镇小黄圃—扁滘—华口—顺风岛—上涌—沙坑—大良镇逢沙周围，第一层软土厚 2～8m，第二层软土厚 5～20m，砂层厚度小，且实测沉降分区图与按国家规范处理地基预测沉降分区图在此均为易沉降区和一般沉降区，未处理地基预测沉降分区图在此为易沉降区；⑭容桂镇梁家庄—永兴社—大福基—细滘—幸福—德胜周围，第一层软土厚 5～8m，第二层软土厚 5m，砂层厚度不大，且实测沉降分区图和按国家规范处理地基预测沉降分区图及未处理地基预测沉降分区图在此均为易沉降区。

3. 一般防治区（Ⅱ区）

分布面积为 263.249 5km²，该区域基本贯穿整个工作区域，沉降量相对较小，第一层软土厚度一般小于 5m，第二层软土厚度以小于 10m 为主，局部达到15m，但区域上存在厚 10～20m 砂层作为持力层，故沉降量相对较小，且实测沉降分区图、按国家规范处理地基预测沉降分区图及未处理地基预测沉降分区图均以一般沉降区为主，局部有易沉降区和轻微沉降区。

4. 安全区（Ⅰ区）

分布面积为 76.754km²，该区内沉降量值均小，属于轻微沉降。其分布及主要特征为：①罗村镇下柏周围，该区域有大片基岩出露，虽然局部有软土，但厚度不大，且实测沉降分区图、按国家规范处理地基预测沉降分区图及未处理地基预测沉降分区图在此处均为轻微沉降区；②南庄镇隆庆周围，第一层软土厚度小于 2m，第二层软土厚度为 5～10m，但有厚 10～15m 砂层作为持力层，且实测沉降分区图、按国家规范处理地基预测沉降分区图及未处理地基预测沉降分区图在此处均为轻微沉降区；③张槎镇江湾周围，虽然附加荷载为 360～440kPa，但区域较多基岩出露，故沉降量较轻微，且未处理地基与按国家规范处理地基预测沉降分区图在此均为轻微沉降区，实测沉降分区图在此为一般沉降区和轻微沉降区；④平洲镇夏西—夏北周围，虽然第一层软土厚度小于 2m，第二层软土厚度小于 5m，但该区域砂层厚度为 15m 左右，可以作为持力层，且未处理地基与按国家规范处理地基预测沉降分区图在此均为轻微沉降区，实测沉降分区图在此为一般沉降区和轻微沉降区；⑤平洲镇东区—北区与林岳周围，第一层软土厚 2～5m，第二层软土厚度小于 5m，且有 15m 左右厚砂层作为持力层，并有基岩出露，且实测沉降分区图、按国家规范处理地基预测沉降分区图及未处理地基预测沉降分区图在此处均为轻微沉降区；⑥陈村镇登洲周围，第一层软土厚度小于 2m，第二层软土厚 5～10m，且有厚 10m 左右砂层作为持力层，且未处理地基与按国家规范处理地基预测沉降分区图在此均为轻微沉降区，实测沉降分区图在此为一般沉降区和轻微沉降区；⑦北滘镇三桂—坤洲—都宁岗周围，第一层软土厚 2～5m，第二层软土厚 5～10m，有厚 10m 左右的砂层作为持力层，且该区域有大片基岩出露，且实测沉降分区图、按国家规范处理地基预测沉降分区图及未处理地基预测沉降分区图在此处均为轻微沉降区；⑧大良顺峰山—新滘周围，该区域有大片基础出露，且按国家规范处理地基预测沉降分区图在此为轻微沉降区，未处理地基预测沉降分区图与实测沉降分区图在此为一般沉降区和轻微沉降区；⑨容桂镇五沙周围，第一层软土厚度小于 2m，第二层软土厚度小于 5m，且有厚 15m 砂层作为持力层，且未处理地基与按国家规范处理地基预测沉降分区图在此均为轻微沉降区，实测沉降分区图在此为一般沉降区和轻微沉降区；⑩容桂镇上佳市周围，第一层软土厚 2m 左右，第二层软土厚 5～10m，但有厚 10m 左右砂层作为持力层，且有基岩出露，并按国家规范处理地基预测沉降分区图在此为轻微沉降区和一般沉降区，未处理地基预测沉降分区图与实测沉降分区图在此为轻微沉降区。

总之，佛山市中心城区软土层工程特性较差，只有大约 11％的地区（Ⅰ区）工程地质条件良好，简单工程处理后可直接使用；而约 36％的地区（Ⅱ区），由于主要受第一层软土分布的影响，同时第二层软土较薄，可考虑对第一层软土进行剥离或压实，或选择合适的持力层，因此，这一地区工程地质条件较差；约 53％的地区（Ⅲ区和Ⅳ区），工程地质条件差，软土层厚，必须经过地基预处理，并且要在土体完成大部分变形后，布设相应监测点，对软土层变形进行长期观测，分析其变形规律，待施工后沉降量符合要求时，方可作为建筑场地，使用时还须对地基进行工程处理，同时要审慎选择建筑物基础类型、规模。

第六章　软土地基沉降灾害防治对策与措施

第一节　软土地基沉降灾害防治对策

为了保障佛山市中心城区国民经济建设可持续发展，合理开发利用地质环境资源，积极主动有效地开展软土地基沉降防治工作，提出以下几点防治对策。

一、加强组织管理和协调

将地面沉降控制工作纳入政府行政职能，尽快设立专门的管理机构(如控制地面沉降工作办公室)，落实必要的地面沉降防灾减灾经费，及时编制城市和区域地面沉降防治规划。建议加快城市和区域地面沉降防治立法工作，使地面沉降防治走上法制化道路。尽管国家已经出台了《地质灾害防治条例》《地质灾害防治管理办法》等有关的法律法规，但地面沉降方面比较具体的法律法规很少。如果地面沉降防治没有法律法规作为依据，地面沉降防治规划实行起来很困难，实施效果要大打折扣。特别是地面沉降防治经常会涉及分属不同系统(如国土、水利、建设系统等)的多个部门，没有明确的法律法规，协调起来也是很难的。

二、建立监测预警体系

在地面沉降地区建立监测站网，通过设置基岩标、分层标，开挖地下水动态观测井、孔隙水压力观测孔，配备自动化监测仪器，建立 GIS 地面沉降监控网等，来实现地面沉降的自动化分层监测。在地面沉降灾害风险较大的地区，动态监测尤其重要。动态监测要及时输入数据库，以便进行管理和分析。建议在地面沉降机理研究的基础上，开发地面沉降预测数学模型，建立基于 GIS 的地面沉降预警预报系统。GIS 一个很大的优点就是地理可视化，能够以图形的方式认识地面沉降的空间分布、累计沉降量、沉降速率。同时，GIS 还有比较强大的空间分析功能，如绘制地面沉降等值线、等速线，了解地面沉降现状和发展趋势，与区域经济社会图层叠加之后就可以直观反映地面沉降可能造成的经济损失。

三、合理编制城市规划

城市地面沉降的速度除了跟地质条件等自然因素有关外，还与城市规模、建筑密集程度、城市地表情况等有关。在城市，人们每天生活都要消耗地下水。城市单位面积人口越多，地下水消耗就越快；建筑越密集，单位面积的工程载荷就越大。城市水泥路面越多，雨水就越不容易下渗来补充地下水。因此，城市要尽量避免“摊大饼”的发展模式，而要多采用放射状“分散组团式”，通过快速交通(如轻轨、高速路)把市区的人口和产业疏散出去，避免人口、工业、房屋建筑等过度集中，关注改善城市地表的雨水下渗条件，保护好城市地下水源地。在编制城市规划时，必须要考虑地面沉降造成的次生灾害并采取弥补措施，如地面沉降造成防洪能力减弱、桥梁净空减少、地裂缝、建筑地基失稳等，因此必须提高城市防洪标准，增加内河桥梁净空，建筑要尽量避开地裂缝带和“大漏斗”区。此外，地面沉降会使城市测绘资料失真，这在编制城市规划时必须要注意到，并予以修正。

第二节 软土地基沉降灾害防治措施

针对不同的软土地基，有各种不同的地基处理方法。但是总的来说，按照加固原理软土地基处理方法分为四类：第一类是人为施加的外力，使土体内水排出，孔隙减少，颗粒靠近，密度加大，使承载力提高；第二类是在地基中掺加物料，通过物理化学作用把土体颗粒胶结在一起，使地基强度提高，刚度加大，变形减少；第三类加固方法是设法将不均匀的外部荷载作用在地基表层，变成均匀的应力分布和应变分布，受力条件得到改善，稳定性得到提高，第四类加固方法是设法在地基中加入人造材料，使加入的材料和土体工程作用，从而提高强度，可以承受较大的水平力或者垂直力。表 6-1 给出了工程上软土地基处理的常用方法及其适用范围。

针对佛山市中心城区软土地基的沉降现状和发展趋势，对于不同的地面沉降防治区，提出以下不同的防治措施。

1. 重点防治区(Ⅳ区)

第一层软土的厚度为 5～10m，第二层软土厚 10m 左右，实测沉降分区图、按国家规范处理地基预测沉降分区图及未处理地基预测沉降分区图上一般为极易沉降区。若在这些地区修建高层建筑物，建议采用深桩基础，桩直接作用于下伏基岩之上；若修建一般建筑物，可以选用以下一种或几种工程处理措施改善地基，提高地基承载力。

(1)碾压与夯实。利用压实原理，通过机械碾压夯击，把表层地基土压实；强夯则利用强大的夯击能，在地基中产生强大的冲击波和动应力，使土体动力固结密实。

(2)垫土垫层。以砂石、素土、灰土和矿碴等强度较高的材料，转换地基表层软弱土，提高持力层的承载力，减少沉降量。

(3)排水固结。通过改善地基排水条件和施加预压荷载，加速地基的固结和强度增强，提高地基的稳定性，并使地基沉降提前完成。

(4)振动挤密。采用一定的技术措施，通过振动或挤密，使土体孔隙减少，强度提高；也可在振动挤密的过程中，回填砂、砂石、灰土、素土等，与地基土组成复合地基，从而提高地基的承载力，减少沉降量。

(5)置换及拌入。采用专门的技术措施，以砂、碎石等置换软弱土地基中部分软弱土，或在部分软弱土地基中掺入水泥、石灰或砂浆等形成加固体，与周边土组成复合地基，从而提高地基的承载力，减少沉降量。

2. 次重点防治区(Ⅲ区)

第一层软土的厚度为 2～5m，第二层软土厚度为 10～15m，实测沉降分区图、按国家规范处理地基预测沉降分区图及未处理地基预测沉降分区图上一般均为易沉降区。若在这些地区修建高层建筑物，建议采用深桩基础，桩直接作用于下伏基岩之上；若修建一般建筑物，由于第一层软土较薄，建议先直接清除，再进行一种或多种地基工程处理，提高地基承载力。主要处理方法有：①碾压与夯实；②排水固结；③振动挤密；④置换及拌入。

表 6-1 软土地基处理常用方法及其适用范围

方法	原理	适用范围
排水固结法（预压法）	在软土地基中设置竖向排水系统（如插置塑料排水板、袋装砂井或设置普通砂井）和水平向排水系统（砂垫层），在逐级填筑路堤载荷作用下，使地基土体排水固结，产生固结沉降，使土体强度增长，地基承载力提高，并可有效减少工后沉降。若采用大于路堤及工作载荷的预压载荷，则称为超载预压。超载预压可进一步减少工后沉降，并可减少次固结沉降	软黏土，淤泥和淤泥质土地基
强夯法	采用质量为 10～40t 的夯锤从高处自由落下，地基土载夯锤的冲击力作用下振实、挤密，可提高地基承载力，减少沉降	碎石土、砂土、低饱和度的粉土、黏性土、湿陷性黄土、杂填土和素填土地基
深层搅拌法	利用深层搅拌机将水泥或石灰和地基土原位搅拌形成圆柱状、隔栅状或连续增强体，形成水泥土桩复合地基，提高承载力，减小沉降	淤泥、淤泥质土和含水量较高地基。承载力标准值不大于 120kPa 的黏性土、粉土等软地基，用于处理泥炭土或地下水具侵蚀性时，宜通过实验确定其适用性
振冲置换法	利用振冲器在高压水流作用下，边振冲，在地基中成孔，再在孔内填入碎石、卵石等粗粒料并振密成碎石桩。碎石桩与桩间土形成复合地基，提高地基承载力，减小沉降	不排水抗剪强度不小于 20kPa 的黏性土、粉土、饱和黄土和人工填土地基
沉管碎石桩法	采用沉管法在地基中成孔，再在孔内填入碎石、卵石等粗粒料形成碎石桩。碎石桩与桩间土形成复合地基，提高地基承载力，减小沉降	同上
强夯置换法	边填碎石边强夯，在地基中形成碎石墩体，由碎石墩、墩间土以及碎石垫层形成复合地基，提高地基承载力，减小沉降	人工填土、砂土、黏性土和黄土、淤泥和淤泥质土地基
石灰桩法	通过机械和人工成孔，再在软弱地基中填入生石灰块或生石灰掺合料，通过石灰的吸水膨胀、放热以及离子交换作用来改善桩周土的物理力学性质，并形成石灰桩复合地基，提高地基承载力，减小沉降	杂填土，软黏土地基
低强度混凝土桩复合地基法	在地基中设置强度混凝土桩，桩与桩间土形成复合地基，提高地基承载力，减小沉降	各类深厚软弱地基
EPS 超轻质材料	聚苯乙烯块（EPS）容重只有土的 1/50～1/100，并具有较好的强度和压缩性能，用于填土料，可有效减少作用在地基上的载荷，必要时也可置换部分地基土以达到更好效果	各种软弱地基
加筋土法	在土体中埋设土工合成材料（土工织物、土工隔栅等）、金属板条等形成加筋土垫层，增大压力扩散角，提高地基承载力，减小沉降	各种软弱地基

3. 一般防治区(Ⅱ区)

第一层软土厚度一般小于 5m,第二层软土厚度以小于 10m 为主,局部达到 15m,但区域上存在 10～20m 厚砂层作为持力层,故沉降量相对较小,且实测沉降分区图、按国家规范处理地基预测沉降分区图及未处理地基预测沉降分区图均以一般沉降区为主,局部有易沉降区和轻微沉降区。若在这些地区修建高层建筑物,建议采用深桩基础,桩直接作用于下伏基岩之上;若修建一般建筑物,由于第一层软土较薄,可以先直接清除,也可以进行一种或多种地基工程处理,提高地基承载力。主要处理方法有:①碾压与夯实;②垫土垫层;③排水固结;④振动挤密;⑤置换及拌入。

4. 安全区(Ⅰ区)

一般第一层软土厚度小于 2m,第二层软土厚度小于 5m,但该区域砂层厚度为 15m 左右,可以作为持力层,实测沉降分区图、按国家规范处理地基预测沉降分区图及未处理地基预测沉降分区图上一般为轻微沉降区。若在这些地区修建高层建筑物,建议采用深桩基础,桩直接作用于下伏基岩之上;若修建一般建筑物,由于第一层软土较薄,可以先直接清除,再适当进行一种地基工程处理,提高地基承载力。

附件　佛山软土钻孔标准化及其力学参数

钻孔编号	地下水埋深(m)	MAPGIS:X	MAPGIS:Y	表层高程(m)	Material	Horizon	层厚(m)	内聚力 c(kPa)	内磨擦角 φ(°)	天然重度(kN/m³)	压缩模量(MPa)	抗压强度(kPa)
R53－6	1.2	14648.78	50361.12	2.29	7	7	1.2					120
R53－6	1.2	14648.78	50361.12	1.09	6	6	1.4	11.2	5.8	17.6	2.7	150
R53－6	1.2	14648.78	50361.12	－0.31	4	4	1.2					40
R53－6	1.2	14648.78	50361.12	－1.51	4	0						
R53－22	1.2	14707.94	50369.26	1.88	7	7	1.2					120
R53－22	1.2	14707.94	50369.26	0.68	6	6	1.9	20.9	7	18	4.9	50
R53－22	1.2	14707.94	50369.26	－1.22	5	5	5.8					180
R53－22	1.2	14707.94	50369.26	－7.02	4	4	8.7	8.4	4.4	17.9	3.8	50
R53－22	1.2	14707.94	50369.26	－15.72	3	3	5.6					200
R53－22	1.2	14707.94	50369.26	－21.32	3	0						
R53－13	1.29	14641.34	50367.12	2.81	7	7	2.9					120
R53－13	1.29	14641.34	50367.12	－0.09	6	6	8.3	8.4	4.4	17.9	3.8	50
R53－13	1.29	14641.34	50367.12	－8.39	5	5	5	16.9	16.8	17.2	4	180
R53－13	1.29	14641.34	50367.12	－13.39	4	4	2.2	8.4	4.4	18	4.9	50
R53－13	1.29	14641.34	50367.12	－15.59	3	3	0.9					200
R53－13	1.29	14641.34	50367.12	－16.49	3	0						
R53－10	1.45	14652.24	50353.42	3.72	7	7	2.3					120
R53－10	1.45	14652.24	50353.42	1.42	4	4	19.5	8.4	4.4	17.9	3.8	60
R53－10	1.45	14652.24	50353.42	－18.08	4	0						
R44－22	5	14601.74	50431.42	2.94	7	7	5.6					120
R44－22	5	14601.74	50431.42	－2.66	4	4	3.4	15	5.6	16.5	1.07	80
R44－22	5	14601.74	50431.42	－6.06	3	3	1.7					200

续附件

钻孔编号	地下水埋深(m)	MAPGIS:X	MAPGIS:Y	表层高程(m)	Material	Horizon	层厚(m)	内聚力 c(kPa)	内磨擦角 φ(°)	天然重度(kN/m³)	压缩模量(MPa)	抗压强度(kPa)
R44-22	5	14601.74	50431.42	−7.76	3	0						
R44-5	1.2	14593.94	50378.62	0	7	7	0.8					88
R44-5	1.2	14593.94	50378.62	−0.8	6	6	3.2	20.9	7	17.4	3.1	88
R44-5	1.2	14593.94	50378.62	−4	4	4	7.3	20.9	7	16.4	2.8	105
R44-5	1.2	14593.94	50378.62	−11.3	2	2	15.8					88
R44-5	1.2	14593.94	50378.62	−27.1	2	0						
R44-14	1.44	14575.54	50395.42	3.15	7	7	1.6					120
R44-14	1.44	14575.54	50395.42	1.55	4	4	16.5	8.4	4.4	17.9	3.8	50
R44-14	1.44	14575.54	50395.42	−14.95	4	0						
R44-10	1.3	14605.54	50389.22	2.81	7	7	2.4					120
R44-10	1.3	14605.54	50389.22	0.41	6	6	8.8					100
R44-10	1.3	14605.54	50389.22	−8.39	4	4	5.1	8.4	4.4	17.9	0.8	50
R44-10	1.3	14605.54	50389.22	−13.49	3	3	9.8					200
R44-10	1.3	14605.54	50389.22	−23.29	3	0						
R44-12	1.34	14597.54	50393.32	3.12	7	7	2.8					120
R44-12	1.34	14597.54	50393.32	0.32	4	4	14.1	8.4	4.4	16.4	2.8	80
R44-12	1.34	14597.54	50393.32	−13.78	3	3	3.6					200
R44-12	1.34	14597.54	50393.32	−17.38	3	0						
R44-15	1.26	14570.34	50394.82	3.22	7	7	2.2					120
R44-15	1.26	14570.34	50394.82	1.02	5	5	4.7					100
R44-15	1.26	14570.34	50394.82	−3.68	4	4	8.5	20.9	7	17.4	3.1	50
R44-15	1.26	14570.34	50394.82	−12.18	3	3	6.2					140
R44-15	1.26	14570.34	50394.82	−18.38	3	0						

续附件

钻孔编号	地下水埋深(m)	MAPGIS:X	MAPGIS:Y	表层高程(m)	Material	Horizon	层厚(m)	内聚力 c(kPa)	内磨擦角 φ(°)	天然重度(kN/m^3)	压缩模量(MPa)	抗压强度(kPa)
R46-24	1.1	14755.44	50446.62	2.08	7	7	2					100
R46-24	1.1	14755.44	50446.62	0.08	6	6	7	8.4	4.4	17.9	3.8	100
R46-24	1.1	14755.44	50446.62	−6.92	4	4	22.7	7.5	6.7	16.4	2.4	50
R46-24	1.1	14755.44	50446.62	−29.62	2	2	2.4	8.4	4.4	18	4.9	50
R46-24	1.1	14755.44	50446.62	−32.02	1	1	8.3					100
R46-24	1.1	14755.44	50446.62	−40.32	1	0						
R46-20	0.2	14774.54	50426.42	2.35	7	7	2.3					100
R46-20	0.2	14774.54	50426.42	0.05	6	6	0.5	8.4	4.4	17.9	3.8	100
R46-20	0.2	14774.54	50426.42	−0.45	5	5	2.8					100
R46-20	0.2	14774.54	50426.42	−3.25	2	2	7.9	17.4	13.5	18.3	5.1	50
R46-20	0.2	14774.54	50426.42	−11.15	1	1	12.3					100
R46-20	0.2	14774.54	50426.42	−23.45	1	0						
R46-10	1.2	14763.14	50398.62	−0.57	7	7	0.7					55
R46-10	1.2	14763.14	50398.62	−1.27	4	4	5.1	20.9	7	17.4	3.1	50
R46-10	1.2	14763.14	50398.62	−6.37	2	2	2.2	17.3	24.9	18.4	5.7	50
R46-10	1.2	14763.14	50398.62	−8.57	1	1	17.9					100
R46-10	1.2	14763.14	50398.62	−26.47	1	0						
R46-6	0	14755.94	50380.62	2.88	7	7	0.8					55
R46-6	0	14755.94	50380.62	2.08	4	4	5.2	20.9	7	17.4	3.1	50
R46-6	0	14755.94	50380.62	−3.12	1	1	11					100
R46-6	0	14755.94	50380.62	−14.12	1	0						
R46-111	1.1	14804.74	50426.42	2.33	7	7	2.4					55
R46-111	1.1	14804.74	50426.42	−0.07	6	6	3	8.4	4.4	17.9	3.8	100

续附件

钻孔编号	地下水埋深 (m)	MAPGIS:X	MAPGIS:Y	表层高程 (m)	Material	Horizon	层厚 (m)	内聚力 c(kPa)	内磨擦角 φ(°)	天然重度 (kN/m³)	压缩模量 (MPa)	抗压强度 (kPa)
R46-111	1.1	14804.74	50426.42	−3.07	5	5	6					100
R46-111	1.1	14804.74	50426.42	−9.07	4	4	4.8	6.8	7.4	16.5	2.1	50
R46-111	1.1	14804.74	50426.42	−13.87	4	0						
R46-107	0.1	14824.84	50412.82	2.69	7	7	2.5					55
R46-107	0.1	14824.84	50412.82	0.19	6	6	4.3	20.9	7	17.4	3.1	50
R46-107	0.1	14824.84	50412.82	−4.11	5	5	9.4					100
R46-107	0.1	14824.84	50412.82	−13.51	4	4	16.2	8.4	4.4	17.9	3.8	50
R46-107	0.1	14824.84	50412.82	−29.71	3	3	5.8					100
R46-107	0.1	14824.84	50412.82	−35.51	3	0						
R46-95	1.4	14796.74	50399.02	2.65	7	7	2.5					55
R46-95	1.4	14796.74	50399.02	0.15	6	6	2.5	20.9	7	17.4	3.1	100
R46-95	1.4	14796.74	50399.02	−2.35	5	5	5.3					100
R46-95	1.4	14796.74	50399.02	−7.65	4	4	14.1	7.5	6.7	16.4	2.4	50
R46-95	1.4	14796.74	50399.02	−21.75	3	3	1.6					100
R46-95	1.4	14796.74	50399.02	−23.35	3	0						
R46-40	1.8	14779.54	50451.42	2.61	7	7	3.5					55
R46-40	1.8	14779.54	50451.42	−0.89	5	5	4					100
R46-40	1.8	14779.54	50451.42	−4.89	4	4	20.2	7.5	6.7	16.4	2.4	50
R46-40	1.8	14779.54	50451.42	−25.09	4	0						
R45-134	2.5	14742.24	50455.8	2.02	7	7	1.8					85
R45-134	2.5	14742.24	50455.8	0.22	6	6	1.8	16.9	16.8	17.2	4	100
R45-134	2.5	14742.24	50455.8	−1.58	5	5	2.9					90
R45-134	2.5	14742.24	50455.8	−4.48	4	4	9.85	6.8	7.4	16.5	2.1	58

续附件

钻孔编号	地下水埋深 (m)	MAPGIS:X	MAPGIS:Y	表层高程 (m)	Material	Horizon	层厚 (m)	内聚力 c(kPa)	内磨擦角 φ(°)	天然重度 (kN/m^3)	压缩模量 (MPa)	抗压强度 (kPa)
R45-134	2.5	14742.24	50455.8	−14.33	4	0						
R45-54	0.5	14640.74	50401.6	−0.6	7	7	2.8					85
R45-54	0.5	14640.74	50401.6	−3.4	5	5	10.2					90
R45-54	0.5	14640.74	50401.6	−13.6	4	4	5.4	17.4	13.5	18.3	5.1	58
R45-54	0.5	14640.74	50401.6	−19	2	2	2.4					58
R45-54	0.5	14640.74	50401.6	−21.4	2	0						
R45-88	0.8	14704.44	50427	2.62	7	7	3					85
R45-88	0.8	14704.44	50427	−0.38	4	4	15	20.9	7	17.4	3.1	58
R45-88	0.8	14704.44	50427	−15.38	4	0						
R45-95	1.6	14671.74	50405.76	3.22	7	7	3.5					85
R45-95	1.6	14671.74	50405.76	−0.28	4	4	9.7	8.4	4.4	18	4.9	58
R45-95	1.6	14671.74	50405.76	−9.98	3	3	4.8					90
R45-95	1.6	14671.74	50405.76	−14.78	2	2	2.6	11.1	3.5	16.7	2.5	58
R45-95	1.6	14671.74	50405.76	−17.38	2	0						
R45-133	2.5	14738.74	50462.76	2.45	7	7	1.3					85
R45-133	2.5	14738.74	50462.76	1.15	4	4	11.7	20.9	7	17.4	3.1	58
R45-133	2.5	14738.74	50462.76	−10.55	3	3	4.5					90
R45-133	2.5	14738.74	50462.76	−15.05	3	0						
R45-15	4.7	14650.44	50452.14	5.08	7	7	3.7					85
R45-15	4.7	14650.44	50452.14	1.38	6	6	2.4	17.4	13.5	18.3	5.1	222
R45-15	4.7	14650.44	50452.14	−1.02	4	4	4.3	4.6	4.4	15.3	1.6	86
R45-15	4.7	14650.44	50452.14	−5.32	2	2	13.4					223
R45-15	4.7	14650.44	50452.14	−18.72	2	0						

续附件

钻孔编号	地下水埋深（m）	MAPGIS:X	MAPGIS:Y	表层高程（m）	Material	Horizon	层厚（m）	内聚力 c(kPa)	内磨擦角 φ(°)	天然重度（kN/m³）	压缩模量（MPa）	抗压强度（kPa）
R45-55	1.8	14656.24	50405.64	0.44	7	7	3					85
R45-55	1.8	14656.24	50405.64	−2.56	6	6	0.8	8.4	4.4	17.9	3.8	100
R45-55	1.8	14656.24	50405.64	−3.36	5	5	0.8					90
R45-55	1.8	14656.24	50405.64	−4.16	2	2	8.7	16.9	16.8	17.2	4	58
R45-55	1.8	14656.24	50405.64	−12.86	2	0						
R45-62	1.6	14653.54	50424.42	4.34	7	7	2.4					85
R45-62	1.6	14653.54	50424.42	1.94	6	6	11.8	8.4	4.4	17.9	3.8	100
R45-62	1.6	14653.54	50424.42	−9.86	6	0						
R45-63	1.25	14656.64	50422.42	4.17	7	7	2.4					85
R45-63	1.25	14656.64	50422.42	1.77	4	4	6.4	8.4	4.4	17.9	3.8	58
R45-63	1.25	14656.64	50422.42	−4.63	3	3	3					90
R45-63	1.25	14656.64	50422.42	−7.63	2	2	6.7	16.9	16.8	17.2	4	58
R45-63	1.25	14656.64	50422.42	−14.33	2	0						
R45-67	0.8	14677.74	50432.82	6.88	7	7	2.5	17.4	13.5	18.3	5.1	85
R45-67	0.8	14677.74	50432.82	4.38	6	6	1.8					100
R45-67	0.8	14677.74	50432.82	2.58	2	2	22.3	11.1	3.5	16.7	2.5	58
R45-67	0.8	14677.74	50432.82	−19.72	2	0						
R45-75	2.77	14683.94	50455.02	2.31	7	7	2.5					85
R45-75	2.77	14683.94	50455.02	−0.19	4	4	13.9	20.9	7	17.4	3.1	58
R45-75	2.77	14683.94	50455.02	−14.09	4	0						
R45-77	3.25	14699.74	50460.12	1.56	7	7	2					85
R45-77	3.25	14699.74	50460.12	−0.44	6	6	15.7	20.9	7	17.4	3.1	100
R45-77	3.25	14699.74	50460.12	−16.14	6	0						

续附件

钻孔编号	地下水埋深（m）	MAPGIS:X	MAPGIS:Y	表层高程（m）	Material	Horizon	层厚（m）	内聚力 c(kPa)	内磨擦角 φ(°)	天然重度（kN/m³）	压缩模量（MPa）	抗压强度（kPa）
R38-4	1.9	14816.14	50506.62	2.58	7	7	1.2					120
R38-4	1.9	14816.14	50506.62	1.38	4	4	5.2	8.4	4.4	16.4	2.8	50
R38-4	1.9	14816.14	50506.62	−3.82	1	1	14.6					100
R38-4	1.9	14816.14	50506.62	−18.42	1	0						
R38-33	0.7	14764.04	50464.82	1.88	7	7	1.6					120
R38-33	0.7	14764.04	50464.82	0.28	6	6	3.2	8.4	4.4	18	4.9	50
R38-33	0.7	14764.04	50464.82	−2.92	5	5	4.2					180
R38-33	0.7	14764.04	50464.82	−7.12	4	4	13	7.5	6.7	16.4	2.4	50
R38-33	0.7	14764.04	50464.82	−20.12	3	3	3					200
R38-33	0.7	14764.04	50464.82	−23.12	3	0						
R38-42	0.7	14780.44	50483.18	2.3	7	7	4.6					120
R38-42	0.7	14780.44	50483.18	−2.3	6	6	2.1	20.9	7	17.4	3.1	50
R38-42	0.7	14780.44	50483.18	−4.4	5	5	2					180
R38-42	0.7	14780.44	50483.18	−6.4	4	4	16	7.5	6.7	16.4	2.4	50
R38-42	0.7	14780.44	50483.18	−22.4	3	3	8.3					200
R38-42	0.7	14780.44	50483.18	−30.7	3	0						
R38-54	1.47	14795.74	50498.22	2.44	7	7	2.7					55
R38-54	1.47	14795.74	50498.22	−0.26	6	6	6.3	8.4	4.4	17.9	3.8	100
R38-54	1.47	14795.74	50498.22	−6.56	5	5	6					100
R38-54	1.47	14795.74	50498.22	−12.56	4	4	4.8	20.9	7	17.4	3.1	55
R38-54	1.47	14795.74	50498.22	−17.36	1	1	1.7					140
R38-54	1.47	14795.74	50498.22	−19.06	1	0						
R38-57	1.8	14780.94	50526.18	3.22	7	7	2.9					55

续附件

钻孔编号	地下水埋深 (m)	MAPGIS:X	MAPGIS:Y	表层高程 (m)	Material	Horizon	层厚 (m)	内聚力 c(kPa)	内磨擦角 φ(°)	天然重度 (kN/m^3)	压缩模量 (MPa)	抗压强度 (kPa)
R38-57	1.8	14780.94	50526.18	0.32	6	6	4.3	20.9	7	17.4	3.1	100
R38-57	1.8	14780.94	50526.18	−3.98	5	5	8.3					120
R38-57	1.8	14780.94	50526.18	−12.28	4	4	3.2	7.5	6.7	16.4	2.4	50
R38-57	1.8	14780.94	50526.18	−15.48	4	0						
R38-63	1.5	14821.94	50525.62	3.07	7	7	2.7					60
R38-63	1.5	14821.94	50525.62	0.37	6	6	1.2	8.4	4.4	17.9	3.8	100
R38-63	1.5	14821.94	50525.62	−0.83	5	5	9					110
R38-63	1.5	14821.94	50525.62	−9.83	1	1	6.9					120
R38-63	1.5	14821.94	50525.62	−16.73	1	0						
R38-78	1.1	14847.14	50517.32	3.04	7	7	2.7					55
R38-78	1.1	14847.14	50517.32	0.34	5	5	10.9					120
R38-78	1.1	14847.14	50517.32	−10.56	2	2	14.5	17.4	13.5	18.3	5.1	50
R38-78	1.1	14847.14	50517.32	−25.06	2	0						
R38-91	1.5	14875.64	50523.22	0.15	7	7	2.1					60
R38-91	1.5	14875.64	50523.22	−1.95	6	6	2.6	8.4	4.4	17.9	3.8	90
R38-91	1.5	14875.64	50523.22	−4.55	5	5	3.1					100
R38-91	1.5	14875.64	50523.22	−7.65	1	1	16.1					140
R38-91	1.5	14875.64	50523.22	−23.75	1	0						
R38-49	2	14781.14	50465.42	2.74	7	7	2.7					55
R38-49	2	14781.14	50465.42	0.04	6	6	2.1	8.4	4.4	17.9	3.8	100
R38-49	2	14781.14	50465.42	−2.06	5	5	8.5					110
R38-49	2	14781.14	50465.42	−10.56	4	4	22.5	7.5	6.7	16.4	2.4	50
R38-49	2	14781.14	50465.42	−33.06	1	1	4.2					120

续附件

钻孔编号	地下水埋深(m)	MAPGIS:X	MAPGIS:Y	表层高程(m)	Material	Horizon	层厚(m)	内聚力 c(kPa)	内磨擦角 φ(°)	天然重度(kN/m^3)	压缩模量(MPa)	抗压强度(kPa)
R38-49	2	14781.14	50465.42	−37.26	1	0						
R38-102	0.2	14869.14	50501.02	2.36	7	7	1.8					60
R38-102	0.2	14869.14	50501.02	0.56	4	4	7.5	15	5.6	2.75	2.3	50
R38-102	0.2	14869.14	50501.02	−6.94	3	3	0.8					150
R38-102	0.2	14869.14	50501.02	−7.74	1	1	4.3	17.4	13.5	18.3	5.1	150
R38-102	0.2	14869.14	50501.02	−12.04	1	0						
R38-28	0	14766.14	50512.62	2.98	7	7	2.4					55
R38-28	0	14766.14	50512.62	0.58	6	6	9.8	8.4	4.4	17.9	3.8	100
R38-28	0	14766.14	50512.62	−9.22	5	5	2.1					100
R38-28	0	14766.14	50512.62	−11.32	4	4	3.6	7.5	6.7	16.4	2.4	50
R38-28	0	14766.14	50512.62	−14.92	2	2	4.3	17.4	13.5	18.3	5.1	50
R38-28	0	14766.14	50512.62	−19.22	1	1	1.3					100
R38-28	0	14766.14	50512.62	−20.52	1	0						
R36-9	1.4	14609.24	50543.42	2.98	7	7	0.5					120
R36-9	1.4	14609.24	50543.42	2.48	7	0						
R36-16	0	14581.04	50546.62	2.3	7	7	1.9					120
R36-16	0	14581.04	50546.62	0.4	6	6	10.2	17.4	13.5	18.3	5.1	60
R36-16	0	14581.04	50546.62	−9.8	6	0						
R36-18	0.5	14580.54	50510.82	2.35	7	7	2.1					120
R36-18	0.5	14580.54	50510.82	0.25	6	6	4.9	20.9	7	17.4	3.1	55
R36-18	0.5	14580.54	50510.82	−4.65	5	5	8					180
R36-18	0.5	14580.54	50510.82	−12.65	5	0						
R37-110	2.4	14702.14	50475.62	3.7	7	7	2.8					

续附件

钻孔编号	地下水埋深 (m)	MAPGIS:X	MAPGIS:Y	表层高程 (m)	Material	Horizon	层厚 (m)	内聚力 c(kPa)	内磨擦角 φ(°)	天然重度 (kN/m^3)	压缩模量 (MPa)	抗压强度 (kPa)
R37-110	2.4	14702.14	50475.62	0.9	6	6	6.1					
R37-110	2.4	14702.14	50475.62	−5.2	5	5	1.7	17.3	24.9	18.4	5.7	
R37-110	2.4	14702.14	50475.62	−6.9	4	4	2.8	20.9	7	17.4	3.1	
R37-110	2.4	14702.14	50475.62	−9.7	2	2	6.3	17.3	24.9	18.4	5.7	
R37-110	2.4	14702.14	50475.62	−16	2	0						
R37-149	4	14730.54	50476.9	3.38	7	7	3.4					85
R37-149	4	14730.54	50476.9	−0.02	6	6	3.6	20.9	7	17.4	3.1	72
R37-149	4	14730.54	50476.9	−3.62	5	5	5.5					90
R37-149	4	14730.54	50476.9	−9.12	4	4	2	8.4	4.4	18	4.9	58
R37-149	4	14730.54	50476.9	−11.12	2	2	12.8	8.4	4.4	18	4.9	72
R37-149	4	14730.54	50476.9	−23.92	2	0						
R37-150	3.9	14734.64	50469.7	3.69	7	7	3					85
R37-150	3.9	14734.64	50469.7	0.69	6	6	3.3	8.4	4.4	18	4.9	72
R37-150	3.9	14734.64	50469.7	−2.61	5	5	3.4					90
R37-150	3.9	14734.64	50469.7	−6.01	4	4	6.2	7.5	6.7	16.4	2.4	58
R37-150	3.9	14734.64	50469.7	−12.21	2	2	6.9	11.1	3.5	16.7	2.5	72
R37-150	3.9	14734.64	50469.7	−19.11	1	1	1.5					300
R37-150	3.9	14734.64	50469.7	−20.61	1	0						
R37-125	0.4	14708.04	50521.82	1.34	7	7	2.2					
R37-125	0.4	14708.04	50521.82	−0.86	5	5	3.8					
R37-125	0.4	14708.04	50521.82	−4.66	4	4	20.5	20.9	7	17.4	3.1	
R37-125	0.4	14708.04	50521.82	−25.16	4	0						
R37-3	1.5	14692.14	50496.48	3.27	7	7	4.8					

续附件

钻孔编号	地下水埋深(m)	MAPGIS:X	MAPGIS:Y	表层高程(m)	Material	Horizon	层厚(m)	内聚力 c(kPa)	内磨擦角 φ(°)	天然重度(kN/m³)	压缩模量(MPa)	抗压强度(kPa)
R37-3	1.5	14692.14	50496.48	−1.53	6	6	0.8	20.9	7	17.4	3.1	
R37-3	1.5	14692.14	50496.48	−2.33	5	5	5.1					
R37-3	1.5	14692.14	50496.48	−7.43	4	4	7	8.4	4.4	17.9	3.8	
R37-3	1.5	14692.14	50496.48	−14.43	3	3	2.4					
R37-3	1.5	14692.14	50496.48	−16.83	2	2	1	8.4	4.4	17.9	3.8	
R37-3	1.5	14692.14	50496.48	−17.83	2	0						
R37-26	1.5	14747.6	50516.62	2.98	7	7	3					
R37-26	1.5	14747.6	50516.62	−0.02	6	6	1.2	4.6	4.4	15.3	1.6	
R37-26	1.5	14747.6	50516.62	−1.22	5	5	2.6					
R37-26	1.5	14747.6	50516.62	−3.82	4	4	13.6	7.5	6.7	16.4	2.4	
R37-26	1.5	14747.6	50516.62	−17.42	4	0						
R37-30	2.1	14680.04	50514.78	2.32	7	7	8.5					
R37-30	2.1	14680.04	50514.78	−6.18	2	2	4.5	16.9	16.8	17.2	4	
R37-30	2.1	14680.04	50514.78	−10.68	2	0						
R37-63	0	14657.54	50528.82	3.09	7	7	2.7					
R37-63	0	14657.54	50528.82	0.39	6	6	1.4	20.9	7	17.4	3.1	
R37-63	0	14657.54	50528.82	−1.01	5	5	3.3					
R37-63	0	14657.54	50528.82	−4.31	4	4	9.1	17.3	24.9	18.4	5.7	
R37-63	0	14657.54	50528.82	−13.41	4	0						
R37-66	0	14657.74	50522.82	3.83	7	7	3.9					
R37-66	0	14657.74	50522.82	−0.07	6	6	5.6	20.9	7	17.4	3.1	
R37-66	0	14657.74	50522.82	−5.67	5	5	2.8					
R37-66	0	14657.74	50522.82	−8.47	4	4	3.6	7.5	6.7	16.4	2.4	

续附件

钻孔编号	地下水埋深（m）	MAPGIS：X	MAPGIS：Y	表层高程（m）	Material	Horizon	层厚（m）	内聚力 c(kPa)	内磨擦角 φ(°)	天然重度（kN/m^3）	压缩模量（MPa）	抗压强度（kPa）
R37-66	0	14657.74	50522.82	−12.07	2	2	4.8	17.3	24.9	18.4	5.7	
R37-66	0	14657.74	50522.82	−16.87	2	0						
R37-71	2	14641.14	50531.62	−0.54	7	7	2.35					
R37-71	2	14641.14	50531.62	−2.89	5	5	4.15					
R37-71	2	14641.14	50531.62	−7.04	4	4	2.2	15	5.6	16.5	2.3	
R37-71	2	14641.14	50531.62	−9.24	2	2	6					
R37-71	2	14641.14	50531.62	−15.24	2	0						
R37-84	0	14626.74	50475.42	3.4	6	6	11	17.4	13.5	18.3	5.1	
R37-84	0	14626.74	50475.42	−7.6	2	2	1	16.9	16.8	17.2	4	
R37-84	0	14626.74	50475.42	−8.6	2	0						
R37-91	1	14655.04	50487.44	3.06	7	7	2.5					
R37-91	1	14655.04	50487.44	0.56	4	4	0.7	20.9	7	17.4	3.1	
R37-91	1	14655.04	50487.44	−0.14	2	2	13.8	17.6	24.9	18.4	5.7	
R37-91	1	14655.04	50487.44	−13.94	2	0						
R37-95	1.2	14657.74	50514.62	0	7	7	3.8					
R37-95	1.2	14657.74	50514.62	−3.8	4	4	4.1	20.9	7	17.4	3.1	
R37-95	1.2	14657.74	50514.62	−7.9	2	2	13.9	17.4	13.5	18.3	5.1	
R37-95	1.2	14657.74	50514.62	−21.8	2	0						
R37-122	0.7	14745.94	50508.28	3.25	7	7	2.4					
R37-122	0.7	14745.94	50508.28	0.85	4	4	39.4	8.4	4.4	16.4	2.8	
R37-122	0.7	14745.94	50508.28	−38.55	1	1	3.4					
R37-122	0.7	14745.94	50508.28	−41.95	1	0						
R37-116	1.7	14706.34	50470.02	3.2	7	7	1.5					

续附件

钻孔编号	地下水埋深 (m)	MAPGIS:X	MAPGIS:Y	表层高程 (m)	Material	Horizon	层厚 (m)	内聚力 c(kPa)	内磨擦角 φ(°)	天然重度 (kN/m^3)	压缩模量 (MPa)	抗压强度 (kPa)
R37－116	1.7	14706.34	50470.02	1.7	6	6	2.7	20.9	7	17.4	3.1	
R37－116	1.7	14706.34	50470.02	−1	5	5	5.4					
R37－116	1.7	14706.34	50470.02	−6.4	4	4	9.4	17.4	13.5	18.3	5.1	
R37－116	1.7	14706.34	50470.02	−13.8	4	0						
R37－154	0.3	14740.14	50548.98	1.79	7	7	1.2					
R37－154	0.3	14740.14	50548.98	0.59	6	6	0.7	11.2	5.8	17.6	2.7	
R37－154	0.3	14740.14	50548.98	−0.11	4	4	16.6	7.5	6.7	16.4	2.4	
R37－154	0.3	14740.14	50548.98	−16.71	1	1	5.6					
R37－154	0.3	14740.14	50548.98	−22.31	1	0						
R37－148	5.2	14726.54	50484.6	2.59	7	7	1.2					85
R37－148	5.2	14726.54	50484.6	1.39	6	6	0.5	17.3	24.9	18.4	5.7	100
R37－148	5.2	14726.54	50484.6	0.89	4	4	17.7	7.5	6.7	16.4	2.4	58
R37－148	5.2	14726.54	50484.6	−16.81	2	2	8	17.3	24.9	18.4	5.7	180
R37－148	5.2	14726.54	50484.6	−24.81	1	1	14.6					150
R37－148	5.2	14726.54	50484.6	−39.41	1	0						
R29－3	1.5	14688.64	50613.62	0	7	7	2					
R29－3	1.5	14688.64	50613.62	−2	4	4	29	3.1	4.3	16.4	2.4	53
R29－3	1.5	14688.64	50613.62	−31	3	3	2.4	7.5	38.2			
R29－3	1.5	14688.64	50613.62	−33.4	3	0						
R29－12	0.6	14631.74	50592.42	2.02	7	7	1.8					
R29－12	0.6	14631.74	50592.42	0.22	6	6	1.2	8.4	4.4	17.9	3.8	
R29－12	0.6	14631.74	50592.42	−0.98	5	5	10.22					
R29－12	0.6	14631.74	50592.42	−11.18	4	4	3	8.4	4.4	17.9	3.8	

续附件

钻孔编号	地下水埋深 (m)	MAPGIS:X	MAPGIS:Y	表层高程 (m)	Material	Horizon	层厚 (m)	内聚力 c(kPa)	内磨擦角 φ(°)	天然重度 (kN/m^3)	压缩模量 (MPa)	抗压强度 (kPa)
R29-12	0.6	14631.74	50592.42	−14.18	2	2	1.8	17.3	24.9	18.4	5.7	
R29-12	0.6	14631.74	50592.42	−15.98	2	0						
R29-61	0.9	14697.74	50579.62	−0.02	7	7	2.9					
R29-61	0.9	14697.74	50579.62	−2.92	6	6	1.3	10.1	3.7	15.8	2.1	
R29-61	0.9	14697.74	50579.62	−4.22	5	5	10					
R29-61	0.9	14697.74	50579.62	−14.22	4	4	10.7	20.9	7	17.4	3.1	
R29-61	0.9	14697.74	50579.62	−24.92	3	3	9.3					
R29-61	0.9	14697.74	50579.62	−34.22	3	0						
R29-38	0	14648.54	50557.42	0.01	7	7	7.1					
R29-38	0	14648.54	50557.42	−7.09	6	6	7.2	17.4	13.5	18.3	5.1	
R29-38	0	14648.54	50557.42	−14.29	6	0						
R29-23	0.9	14637.14	50564.42	3.1	7	7	2.2					
R29-23	0.9	14637.14	50564.42	0.9	5	5	6.8					
R29-23	0.9	14637.14	50564.42	−5.9	4	4	5	6.8	7.4	16.5	2.1	
R29-23	0.9	14637.14	50564.42	−10.9	2	2	7.8	17.4	13.5	18.3	5.1	
R29-23	0.9	14637.14	50564.42	−18.7	2	0						
R29-18	0.65	14650.24	50587.02	−0.71	7	7	2.7					
R29-18	0.65	14650.24	50587.02	−3.41	6	6	2.7	20.9	7	17.4	3.1	
R29-18	0.65	14650.24	50587.02	−6.11	5	5	10.8					
R29-18	0.65	14650.24	50587.02	−16.91	4	4	19.4	20.9	7	17.4	3.1	
R29-18	0.65	14650.24	50587.02	−36.31	4	0						
R29-80	2.5	14684.84	50631	2.71	7	7	2.8					
R29-80	2.5	14684.84	50631	−0.09	6	6	2.4	8.4	4.4	18	4.9	

续附件

钻孔编号	地下水埋深 (m)	MAPGIS:X	MAPGIS:Y	表层高程 (m)	Material	Horizon	层厚 (m)	内聚力 c(kPa)	内磨擦角 φ(°)	天然重度 (kN/m³)	压缩模量 (MPa)	抗压强度 (kPa)
R29-80	2.5	14684.84	50631	−2.49	5	5	14.3					
R29-80	2.5	14684.84	50631	−16.79	2	2	6	11.1	3.5	16.7	2.5	
R29-80	2.5	14684.84	50631	−22.79	2	0						
R29-31	1.5	14717.14	50565.84	2.42	7	7	2.5					
R29-31	1.5	14717.14	50565.84	−0.08	6	6	1	8.4	4.4	18	4.9	
R29-31	1.5	14717.14	50565.84	−1.08	5	5	8.3					
R29-31	1.5	14717.14	50565.84	−9.38	4	4	10.2	17.3	24.9	18.4	5.7	
R29-31	1.5	14717.14	50565.84	−19.58	3	3	7.4					
R29-31	1.5	14717.14	50565.84	−26.98	3	0						
R29-69	1.2	14714.94	50590.72	−0.77	6	6	28.6	20.9	7	16.4	2.8	55
R29-69	1.2	14714.94	50590.72	−29.37	2	2	1.9					125
R29-69	1.2	14714.94	50590.72	−31.27	2	0						
R29-67	1.9	14710.04	50597.12	1.9	7	7	1.5					85
R29-67	1.9	14710.04	50597.12	0.4	6	6	4.8	20.9	7	17.4	3.1	55
R29-67	1.9	14710.04	50597.12	−4.31	5	5	3.2					85
R29-67	1.9	14710.04	50597.12	−7.51	4	4	16.7	7.5	6.7	16.4	2.4	50
R29-67	1.9	14710.04	50597.12	−24.21	3	3	4.63					200
R29-67	1.9	14710.04	50597.12	−28.84	3	0						
R29-66	0.8	14703.84	50608.24	2.55	7	7	1.3					
R29-66	0.8	14703.84	50608.24	1.25	6	6	1.2	20.9	7	17.4	3.1	
R29-66	0.8	14703.84	50608.24	0.05	5	5	7.2					
R29-66	0.8	14703.84	50608.24	−7.15	4	4	10.3	6.8	7.4	16.5	2.1	
R29-66	0.8	14703.84	50608.24	−17.45	3	3	2.9					

续附件

钻孔编号	地下水埋深 (m)	MAPGIS:X	MAPGIS:Y	表层高程 (m)	Material	Horizon	层厚 (m)	内聚力 c(kPa)	内磨擦角 φ(°)	天然重度 (kN/m³)	压缩模量 (MPa)	抗压强度 (kPa)
R29-66	0.8	14703.84	50608.24	−20.35	2	2	1	7.5	6.7	16.4	2.4	
R29-66	0.8	14703.84	50608.24	−21.35	2	0						
R29-65	0.9	14699.44	50616.82	2.53	7	7	1					85
R29-65	0.9	14699.44	50616.82	1.53	6	6	4.2	8.4	4.4	18	24.9	70
R29-65	0.9	14699.44	50616.82	−2.67	5	5	11.4					151
R29-65	0.9	14699.44	50616.82	−14.07	4	4	5	7.5	6.7	16.4	2.4	65
R29-65	0.9	14699.44	50616.82	−19.07	3	3	1.4					260
R29-65	0.9	14699.44	50616.82	−20.47	2	2	2.5	11.1	3.5	16.7	2.5	190
R29-65	0.9	14699.44	50616.82	−22.97	2	0						
R28-1	1.5	14527.14	50615.62	0	6	6	22.3	13.1	6.4	18.3	5.1	98
R28-1	1.5	14527.14	50615.62	−22.3	5	5	3.7	18.8	29.4			
R28-1	1.5	14527.14	50615.62	−26	4	4	4.2	5.63	4.7	17.4	3.1	95
R28-1	1.5	14527.14	50615.62	−30.2	4	0						
R28-2	1.5	14547.34	50621.52	0	7	7	1					
R28-2	1.5	14547.34	50621.52	−1	5	5	10.1	15	14.3			
R28-2	1.5	14547.34	50621.52	−11.1	4	4	16.4	3.8	6.4	17.9	3.8	88
R28-2	1.5	14547.34	50621.52	−27.5	4	0						
R28-5	0.7	14497.94	50637.62	2	7	7	0.8					
R28-5	0.7	14497.94	50637.62	1.2	6	6	8.2	15	5.6	16.5	2.3	
R28-5	0.7	14497.94	50637.62	−7	5	5	3.4					
R28-5	0.7	14497.94	50637.62	−10.4	4	4	7.5	20.9	7	17.4	3.1	
R28-5	0.7	14497.94	50637.62	−17.9	2	2	4.4					
R28-5	0.7	14497.94	50637.62	−22.3	1	1	9.4					

续附件

钻孔编号	地下水埋深（m）	MAPGIS:X	MAPGIS:Y	表层高程（m）	Material	Horizon	层厚（m）	内聚力 c(kPa)	内磨擦角 φ(°)	天然重度（kN/m^3）	压缩模量（MPa）	抗压强度（kPa）
R28－5	0.7	14497.94	50637.62	－31.7	1	0						
R28－108	2	14613.74	50602.42	－0.17	7	7	3.5					
R28－108	2	14613.74	50602.42	－3.67	5	5	6.5					
R28－108	2	14613.74	50602.42	－10.17	4	4	12	8.4	4.4	17.9	3.8	
R28－108	2	14613.74	50602.42	－22.17	3	3	5					
R28－108	2	14613.74	50602.42	－27.17	2	2	1.1	17.4	13.5	18.3	5.1	
R28－108	2	14613.74	50602.42	－28.27	2	0						
R28－102	0	14616.54	50564.42	4.25	7	7	2					
R28－102	0	14616.54	50564.42	2.25	2	2	1.8	17.4	13.5	18.3	5.1	
R28－102	0	14616.54	50564.42	0.45	2	0						
R28－86	2.1	14575.94	50606.42	－0.52	7	7	2.3					
R28－86	2.1	14575.94	50606.42	－2.82	5	5	12.8					
R28－86	2.1	14575.94	50606.42	－15.62	4	4	1.6	20.9	7	17.4	3.1	
R28－86	2.1	14575.94	50606.42	－17.22	2	2	2.5					
R28－86	2.1	14575.94	50606.42	－19.72	2	0						
R28－43	0.4	14527.54	50647.22	－0.74	7	7	2					
R28－43	0.4	14527.54	50647.22	－2.74	5	5	1.5					
R28－43	0.4	14527.54	50647.22	－4.24	4	4	3	10.1	3.7	15.8	2.1	
R28－43	0.4	14527.54	50647.22	－7.24	2	2	13.2	17.3	24.9	18.4	5.7	
R28－43	0.4	14527.54	50647.22	－20.44	1	1	8.3					
R28－43	0.4	14527.54	50647.22	－28.74	1	0						
R28－35	0.85	14526.54	50633.22	2.17	7	7	2.4					
R28－35	0.85	14526.54	50633.22	－0.23	6	6	1.2	20.9	7	17.4	3.1	

续附件

钻孔编号	地下水埋深 (m)	MAPGIS:X	MAPGIS:Y	表层高程 (m)	Material	Horizon	层厚 (m)	内聚力 c(kPa)	内磨擦角 φ(°)	天然重度 (kN/m³)	压缩模量 (MPa)	抗压强度 (kPa)
R28-35	0.85	14526.54	50633.22	−1.43	5	5	9.1					
R28-35	0.85	14526.54	50633.22	−10.53	4	4	8.2	7.5	6.7	16.4	2.4	
R28-35	0.85	14526.54	50633.22	−18.73	3	3	13.6					
R28-35	0.85	14526.54	50633.22	−32.33	3	0						
R28-7	1.8	14510.24	50625.62	2.5	7	7	2					
R28-7	1.8	14510.24	50625.62	0.5	5	5	14.5					
R28-7	1.8	14510.24	50625.62	−14.4	4	4	38.3	7.5	6.7	16.4	2.4	
R28-7	1.8	14510.24	50625.62	−22.7	1	1	8					
R28-7	1.8	14510.24	50625.62	−30.7	1	0						
R27-13	0.7	14484.74	50636.04	2.89	7	7	2.3					
R27-13	0.7	14484.74	50636.04	0.59	6	6	2.7	20.9	7	17.4	3.1	
R27-13	0.7	14484.74	50636.04	−2.11	5	5	12.2					
R27-13	0.7	14484.74	50636.04	−14.31	4	4	8.8	20.9	7	17.4	3.1	
R27-13	0.7	14484.74	50636.04	−23.11	3	3	9.5					
R27-13	0.7	14484.74	50636.04	−32.61	3	0						
Z20-15	0.9	14579.54	50661.22	2.35	7	7	2.8					
Z20-15	0.9	14579.54	50661.22	−0.45	6	6	1.9	8.4	4.4	17.9	3.8	
Z20-15	0.9	14579.54	50661.22	−2.35	5	5	2.8					
Z20-15	0.9	14579.54	50661.22	−5.5	4	4	16.3	8.4	4.4	18	4.9	
Z20-15	0.9	14579.54	50661.22	−21.8	3	3	13.3					
Z20-15	0.9	14579.54	50661.22	−38.1	2	2	8.1	17.4	13.5	18.3	5.1	
Z20-15	0.9	14579.54	50661.22	−43.2	2	0						
Z20-11	1	14514.94	50685.22	2	7	7	1.7					

续附件

钻孔编号	地下水埋深（m）	MAPGIS:X	MAPGIS:Y	表层高程（m）	Material	Horizon	层厚（m）	内聚力 c(kPa)	内磨擦角 φ(°)	天然重度（kN/m³）	压缩模量（MPa）	抗压强度（kPa）
Z20-11	1	14514.94	50685.22	0.3	6	6	5.4	10.1	3.7	15.8	2.1	
Z20-11	1	14514.94	50685.22	−5.1	5	5	7.1					
Z20-11	1	14514.94	50685.22	−12.2	4	4	10.3	7.5	6.7	16.4	2.4	
Z20-11	1	14514.94	50685.22	−22.5	3	3	2.5					
Z20-11	1	14514.94	50685.22	−25	2	2	1.2	17.4	13.5	18.3	5.1	
Z20-11	1	14514.94	50685.22	−26.2	2	0						
Z20-8	0.6	14541.14	50661.82	0	6	6	3	17.4	13.5	18.3	5.1	
Z20-8	0.6	14541.14	50661.82	−3	5	5	5.9					
Z20-8	0.6	14541.14	50661.82	−8.9	4	4	18.2	20.9	7	17.4	3.1	
Z20-8	0.6	14541.14	50661.82	−27.1	3	3	4.9					
Z20-8	0.6	14541.14	50661.82	−32	3	0						
Z20-3	0.8	14607.34	50732.82	2.06	7	7	1.2					
Z20-3	0.8	14607.34	50732.82	0.86	5	5	6.5					140
Z20-3	0.8	14607.34	50732.82	−5.64	4	4	17.8	7.5	6.7	16.4	2.4	44
Z20-3	0.8	14607.34	50732.82	−23.44	2	2	6.3	17.4	13.5	18.3	5.1	132
Z20-3	0.8	14607.34	50732.82	−29.74	1	1	0.7					
Z20-3	0.8	14607.34	50732.82	−30.44	1	0						
Z20-22	5.88	14534.74	50723.82	3.67	7	7	3.5					
Z20-22	5.88	14534.74	50723.82	0.17	4	4	16.5	15	5.6	16.5	2.3	
Z20-22	5.88	14534.74	50723.82	−16.33	3	3	4.5					
Z20-22	5.88	14534.74	50723.82	−20.83	2	2	3	13.1	10	18.4	3.6	
Z20-22	5.88	14534.74	50723.82	−23.83	1	1	5.9					
Z20-22	5.88	14534.74	50723.82	−29.73	1	0						

续附件

钻孔编号	地下水埋深（m）	MAPGIS:X	MAPGIS:Y	表层高程（m）	Material	Horizon	层厚（m）	内聚力 c(kPa)	内磨擦角 φ(°)	天然重度（kN/m^3）	压缩模量（MPa）	抗压强度（kPa）
Z20－23	1.5	14571.34	50708.02	2.5	7	7	4					
Z20－23	1.5	14571.34	50708.02	－1.5	6	6	3.3	20.9	7	18	4.9	
Z20－23	1.5	14571.34	50708.02	－4.8	5	5	10.1					
Z20－23	1.5	14571.34	50708.02	－14.9	4	4	4.5	7.5	6.7	16.4	2.4	
Z20－23	1.5	14571.34	50708.02	－19.4	3	3	4.5					
Z20－23	1.5	14571.34	50708.02	－23.9	3	0						
Z20－19	1.3	14514.14	50720.02	1.75	7	7	1.8					
Z20－19	1.3	14514.14	50720.02	－0.05	4	4	14.8	6.8	7.4	16.5	2.1	
Z20－19	1.3	14514.14	50720.02	－14.85	2	2	2.9	11.1	3.5	16.7	2.5	
Z20－19	1.3	14514.14	50720.02	－17.75	2	0						
Z20－18	3	14527.14	50673.22	3.49	7	7	2.9					120
Z20－18	3	14527.14	50673.22	0.59	5	5	11.3					100
Z20－18	3	14527.14	50673.22	－10.71	4	4	7.1	20.9	7	17.4	3.1	70
Z20－18	3	14527.14	50673.22	－17.81	3	3	8					250
Z20－18	3	14527.14	50673.22	－25.81	3	0						
Z20－16	1.2	14609.54	50674.42	2	7	7	2					
Z20－16	1.2	14609.54	50674.42	0	6	6	2.3	4.6	4.4	15.3	1.6	
Z20－16	1.2	14609.54	50674.42	－2.3	5	5	0.4					
Z20－16	1.2	14609.54	50674.42	－2.7	4	4	24.4	8.4	4.4	18	4.9	
Z20－16	1.2	14609.54	50674.42	－34.7	4	0						
Z20－12	0.1	14514.74	50673.22	1.8	7	7	1.5					
Z20－12	0.1	14514.74	50673.22	0.3	6	6	2.4	20.9	7	17.4	3.1	
Z20－12	0.1	14514.74	50673.22	－2.1	5	5	2.3					

续附件

钻孔编号	地下水埋深（m）	MAPGIS:X	MAPGIS:Y	表层高程（m）	Material	Horizon	层厚（m）	内聚力 c(kPa)	内摩擦角 φ(°)	天然重度（kN/m³）	压缩模量（MPa）	抗压强度（kPa）
Z20-12	0.1	14514.74	50673.22	-4.4	4	4	5.6	17.4	13.5	18.3	5.1	
Z20-12	0.1	14514.74	50673.22	-10	3	3	11.7					
Z20-12	0.1	14514.74	50673.22	-22.7	2	2	5.4	20.9	7	17.4	3.1	
Z20-12	0.1	14514.74	50673.22	-27.9	2	0						
Z21-42	1.8	14652.34	50696.62	-10.28	5	5	18.7					
Z21-42	1.8	14652.34	50696.62	-28.98	4	4	21	20.9	7	17.4	3.1	
Z21-42	1.8	14652.34	50696.62	-49.98	1	1	0.7					
Z21-42	1.8	14652.34	50696.62	-50.68	1	0						
Z21-2	1.3	14640.74	50661.82	0	7	7	2					
Z21-2	1.3	14640.74	50661.82	-2	5	5	4.4	10	28			
Z21-2	1.3	14640.74	50661.82	-6.4	4	4	9.6	22.5	14.7	18.3	5.1	245
Z21-2	1.3	14640.74	50661.82	-16	2	2	4	18.8	24.2	18.4	5.7	105
Z21-2	1.3	14640.74	50661.82	-20	2	0						
Z21-6	1.8	14655.14	50734.42	0	7	7	1.8					
Z21-6	1.8	14655.14	50734.42	-1.8	6	6	9.9	5.62	10.7	17.4	3.1	90
Z21-6	1.8	14655.14	50734.42	-11.7	4	4	11.9	3.15	2.6	16.4	2.4	50
Z21-6	1.8	14655.14	50734.42	-23.6	4	0						
Z21-8	0.7	14637.74	50732.82	-0.11	7	7	1.6					
Z21-8	0.7	14637.74	50732.82	-1.71	6	6	1.4	8.4	4.4	18	4.9	
Z21-8	0.7	14637.74	50732.82	-3.11	5	5	10.5					
Z21-8	0.7	14637.74	50732.82	-13.61	4	4	5.4	7.5	6.7	16.4	2.4	
Z21-8	0.7	14637.74	50732.82	-19.01	3	3	3.5					
Z21-8	0.7	14637.74	50732.82	-22.51	2	2	0.8	20.9	7	17.4	3.1	

续附件

钻孔编号	地下水埋深 (m)	MAPGIS:X	MAPGIS:Y	表层高程 (m)	Material	Horizon	层厚 (m)	内聚力 c(kPa)	内磨擦角 φ(°)	天然重度 (kN/m^3)	压缩模量 (MPa)	抗压强度 (kPa)
Z21-8	0.7	14637.74	50732.82	−23.31	1	1	5.9					
Z21-8	0.7	14637.74	50732.82	−29.21	1	0						
Z21-11	0.6	14648.14	50711.42	1.36	7	7	2.5					
Z21-11	0.6	14648.14	50711.42	−1.14	6	6	2.6	10.1	3.7	15.8	2.1	
Z21-11	0.6	14648.14	50711.42	−3.74	5	5	8.4					
Z21-11	0.6	14648.14	50711.42	−12.14	4	4	5.3	20.9	7	17.4	3.1	
Z21-11	0.6	14648.14	50711.42	−17.44	4	0						
Z21-52	1.2	14666.74	50650.82	1.75	7	7	2.5					85
Z21-52	1.2	14666.74	50650.82	−0.75	6	6	1.4	20.9	7	17.4	3.1	80
Z21-52	1.2	14666.74	50650.82	−2.15	4	4	3.1	10.1	3.7	15.8	2.1	70
Z21-52	1.2	14666.74	50650.82	−5.25	2	2	8.5	16.9	16.8	17.2	4	250
Z21-52	1.2	14666.74	50650.82	−13.75	2	0						
Z21-45	1.9	14652.54	50686.62	2.54	7	7	1.3					
Z21-45	1.9	14652.54	50686.62	1.24	6	6	3.7	20.9	7	17.4	3.1	
Z21-45	1.9	14652.54	50686.62	−2.46	5	5	7.9					
Z21-45	1.9	14652.54	50686.62	−10.36	2	2	2.1	16.9	16.8	17.2	4	
Z21-45	1.9	14652.54	50686.62	−12.46	2	0						
Z21-40	2	14652.24	50704.42	2.88	7	7	3.2					
Z21-40	2	14652.24	50704.42	−0.32	6	6	14	20.9	7	17.4	3.1	
Z21-40	2	14652.24	50704.42	−14.32	5	5	6					
Z21-40	2	14652.24	50704.42	−20.32	4	4	1.3	7.5	6.7	16.4	2.4	
Z21-40	2	14652.24	50704.42	−21.62	2	2	2	11.1	3.5	16.7	2.5	
Z21-40	2	14652.24	50704.42	−23.62	2	0						

续附件

钻孔编号	地下水埋深(m)	MAPGIS:X	MAPGIS:Y	表层高程(m)	Material	Horizon	层厚(m)	内聚力 c(kPa)	内磨擦角 φ(°)	天然重度(kN/m³)	压缩模量(MPa)	抗压强度(kPa)
Z21-30	2.2	14655.74	50728.42	2.8	7	7	1.4					85
Z21-30	2.2	14655.74	50728.42	1.4	5	5	1.1					
Z21-30	2.2	14655.74	50728.42	0.3	4	4	17.7	7.5	6.7	16.4	2.4	50
Z21-30	2.2	14655.74	50728.42	−17.4	2	2	5.2	11.1	3.5	16.7	2.5	170
Z21-30	2.2	14655.74	50728.42	−22.6	2	0						
Z21-29	1.4	14651.54	50679.42	3.62	7	7	2.3					
Z21-29	1.4	14651.54	50679.42	1.32	6	6	3.1	20.9	7	17.4	3.1	
Z21-29	1.4	14651.54	50679.42	0.52	5	5	13.8					
Z21-29	1.4	14651.54	50679.42	−4.78	3	3	13.4					
Z21-29	1.4	14651.54	50679.42	−9.78	2	2	18.7	16.9	16.8	17.2	4	
Z21-29	1.4	14651.54	50679.42	−15.08	2	0						
Z21-19	1.5	14630.94	50649.42	−0.3	7	7	2					
Z21-19	1.5	14630.94	50649.42	−2.3	6	6	1.7	4.6	4.4	15.3	1.6	
Z21-19	1.5	14630.94	50649.42	−4	5	5	10.4					
Z21-19	1.5	14630.94	50649.42	−14.4	4	4	5.5	8.4	4.4	18	4.9	
Z21-19	1.5	14630.94	50649.42	−19.9	2	2	12.9	17.4	13.5	18.3	5.1	
Z21-19	1.5	14630.94	50649.42	−32.8	2	0						
Z21-13	0.4	14631.14	50660.42	−1.01	7	7	1					
Z21-13	0.4	14631.14	50660.42	−2.01	6	6	5.5	10.1	3.7	15.8	2.1	
Z21-13	0.4	14631.14	50660.42	−7.51	5	5	3.7					
Z21-13	0.4	14631.14	50660.42	−11.21	4	4	4.4	8.4	4.4	17.9	3.8	
Z21-13	0.4	14631.14	50660.42	−15.61	3	3	8.7					
Z21-13	0.4	14631.14	50660.42	−24.31	2	2	2	17.4	13.5	18.3	5.1	

续附件

钻孔编号	地下水埋深 (m)	MAPGIS:X	MAPGIS:Y	表层高程 (m)	Material	Horizon	层厚 (m)	内聚力 c(kPa)	内磨擦角 φ(°)	天然重度 (kN/m³)	压缩模量 (MPa)	抗压强度 (kPa)
Z21-13	0.4	14631.14	50660.42	−26.31	2	0						
Z19-38	0	14398.74	50727.42	0.23	6	6	1.4	4.6	4.4	15.3	1.6	40
Z19-38	0	14398.74	50727.42	−1.17	5	5	9.2					100
Z19-38	0	14398.74	50727.42	−10.37	4	4	5	7.5	6.7	16.4	2.4	40
Z19-38	0	14398.74	50727.42	−15.37	2	2	11.4	20.9	7	17.4	3.1	70
Z19-38	0	14398.74	50727.42	−26.77	1	1	5.5					500
Z19-38	0	14398.74	50727.42	−32.27	1	0						
Z19-23	0.5	14485.84	50720.82	1.6	7	7	1					
Z19-23	0.5	14485.84	50720.82	0.6	6	6	3.6	11.2	5.8	17.6	2.7	
Z19-23	0.5	14485.84	50720.82	−3	5	5	1					
Z19-23	0.5	14485.84	50720.82	−4	4	4	6.8	16.9	16.8	17.2	4	
Z19-23	0.5	14485.84	50720.82	−10.8	3	3	2.15					
Z19-23	0.5	14485.84	50720.82	−12.95	2	2	9.95	11.1	3.5	16.7	2.5	
Z19-23	0.5	14485.84	50720.82	−22.9	1	1	6.78					
Z19-23	0.5	14485.84	50720.82	−29.68	1	0						
Z19-19	1.3	14429.94	50716.82	2.69	6	6	5.1	20.9	7	17.4	3.1	60
Z19-19	1.3	14429.94	50716.82	−2.41	5	5	7.2					150
Z19-19	1.3	14429.94	50716.82	−9.61	4	4	8.9	8.4	4.4	17.9	3.8	60
Z19-19	1.3	14429.94	50716.82	−18.51	2	2	2.1	11.1	3.5	16.7	2.5	250
Z19-19	1.3	14429.94	50716.82	−20.61	2	0						
Z19-4	2.2	14457.74	50698.22	0	6	6	1.8	20.9	7	17.4	3.1	
Z19-4	2.2	14457.74	50698.22	−1.8	4	4	4.2	7.51	4.3	20.9	7	70
Z19-4	2.2	14457.74	50698.22	−6	3	3	12.8					

续附件

钻孔编号	地下水埋深 (m)	MAPGIS:X	MAPGIS:Y	表层高程 (m)	Material	Horizon	层厚 (m)	内聚力 c(kPa)	内磨擦角 φ(°)	天然重度 (kN/m³)	压缩模量 (MPa)	抗压强度 (kPa)
Z19－4	2.2	14457.74	50698.22	－18.8	2	2	3.8	11.3	8.5	18	4.9	95
Z19－4	2.2	14457.74	50698.22	－22.6	2	0						
Z19－6	3.2	14459.24	50682.42	0	6	6	3.5	19.7	17.7	17.4	3.1	192
Z19－6	3.2	14459.24	50682.42	－3.5	4	4	2.8	10.9	8.5	17.4	3.1	100
Z19－6	3.2	14459.24	50682.42	－6.3	2	2	15.2	9.39	12.7	18.4	5.7	280
Z19－6	3.2	14459.24	50682.42	－21.5	2	0						
Z13－1	1.3	14637.94	50767.62	0	7	7	1.7					
Z13－1	1.3	14637.94	50767.62	－1.7	6	6	5.3	2.57	4.3	16.5	2.3	40
Z13－1	1.3	14637.94	50767.62	－7	5	5	9.3		31			
Z13－1	1.3	14637.94	50767.62	－16.3	4	4	10.4	10.9	6.4	18.3	5.1	80
Z13－1	1.3	14637.94	50767.62	－26.7	4	0						
Z13－3	1.3	14625.74	50784.42	0	7	7	1.2		2.4			78
Z13－3	1.3	14625.74	50784.42	－1.2	6	6	5.5	5.76	7	17.4	3.1	
Z13－3	1.3	14625.74	50784.42	－6.7	5	5	8.3	5.64	29			
Z13－3	1.3	14625.74	50784.42	－15	4	4	6.4	5.25	2.7	18	4.9	66
Z13－3	1.3	14625.74	50784.42	－21.4	2	2	2.1	15	4.3	16.7	11.1	222
Z13－3	1.3	14625.74	50784.42	－23.5	2	0						
Z13－4	1	14621.54	50787.42	0	7	7	1.7					
Z13－4	1	14621.54	50787.42	－1.7	6	6	9.8	15	12.7	18	4.9	105
Z13－4	1	14621.54	50787.42	－11.5	2	2	5	13.1	14.7	18.4	5.7	224
Z13－4	1	14621.54	50787.42	－16.5	2	0						
Z13－7	1	14627.74	50830.62	2.49	7	7	3					
Z13－7	1	14627.74	50830.62	－0.51	6	6	7.4	20.9	7	17.4	3.1	

续附件

钻孔编号	地下水埋深（m）	MAPGIS:X	MAPGIS:Y	表层高程（m）	Material	Horizon	层厚（m）	内聚力 c(kPa)	内磨擦角 φ(°)	天然重度（kN/m³）	压缩模量（MPa）	抗压强度（kPa）
Z13-7	1	14627.74	50830.62	−7.91	6	0						
Z13-8	1.5	14631.24	50831.02	2.35	7	7	1.5					
Z13-8	1.5	14631.24	50831.02	0.85	6	6	2.5	20.9	7	17.4	3.1	
Z13-8	1.5	14631.24	50831.02	−1.65	6	0						
Z13-18	0.9	14635.54	50748.22	2.85	7	7	0.8					
Z13-18	0.9	14635.54	50748.22	2.05	6	6	5.7	20.9	7	17.4	3.1	
Z13-18	0.9	14635.54	50748.22	−3.65	4	4	5	8.4	4.4	17.9	3.8	
Z13-18	0.9	14635.54	50748.22	−8.65	2	2	8	17.3	24.9	18.4	5.7	
Z13-18	0.9	14635.54	50748.22	−16.65	2	0						
Z13-9	1	14633.14	50820.22	−0.21	7	7	1.5					
Z13-9	1	14633.14	50820.22	−1.71	6	6	2.6	20.9	7	17.4	3.1	
Z13-9	1	14633.14	50820.22	−4.31	5	5	20.1					
Z13-9	1	14633.14	50820.22	−24.41	4	4	4.3	7.5	6.7	16.4	2.4	
Z13-9	1	14633.14	50820.22	−28.71	2	2	7					
Z13-9	1	14633.14	50820.22	−35.71	2	0						
Z12-54	0.3	14542.54	50787.62	2.01	7	7	2.5					
Z12-54	0.3	14542.54	50787.62	−0.49	5	5	9.4					
Z12-54	0.3	14542.54	50787.62	−9.89	4	4	4.6	7.5	6.7	16.4	2.4	
Z12-54	0.3	14542.54	50787.62	−14.49	4	0						
Z12-29	1.8	14587.74	50829.62	0	7	7	3.8	16.1	14.48			172
Z12-29	1.8	14587.74	50829.62	−3.8	5	5	5	17.3	16			
Z12-29	1.8	14587.74	50829.62	−8.8	4	4	8.2	2.9	6	16.5	2.3	50
Z12-29	1.8	14587.74	50829.62	−17	2	2	6.9	20.6	10	18.3	5.1	209

续附件

钻孔编号	地下水埋深（m）	MAPGIS:X	MAPGIS:Y	表层高程（m）	Material	Horizon	层厚（m）	内聚力 c(kPa)	内磨擦角 $\varphi(^\circ)$	天然重度（kN/m^3）	压缩模量（MPa）	抗压强度（kPa）
Z12-29	1.8	14587.74	50829.62	−23.9	2	0						
Z12-28	1.4	14560.34	50829.02	0	7	7	2.5	28.6	5.18			163
Z12-28	1.4	14560.34	50829.02	−2.5	6	6	1	6.55	8	17.4	3.1	82
Z12-28	1.4	14560.34	50829.02	−3.5	5	5	4.2	17	22			
Z12-28	1.4	14560.34	50829.02	−7.7	4	4	11.7	4.47	7	16.4	2.8	76
Z12-28	1.4	14560.34	50829.02	−19.4	3	3	2.2	16.1	34			
Z12-28	1.4	14560.34	50829.02	−21.6	2	2	2.45	2.3	39			
Z12-28	1.4	14560.34	50829.02	−24.05	2	0						
Z12-6	0.7	14583.54	50789.22	0	7	7	0.5					
Z12-6	0.7	14583.54	50789.22	−0.5	6	6	7	20.9	7	17.4	3.1	159
Z12-6	0.7	14583.54	50789.22	−7.5	5	5	13.5					140
Z12-6	0.7	14583.54	50789.22	−21	4	4	8.6	8.4	4.4	18	4.9	
Z12-6	0.7	14583.54	50789.22	−29.6	3	3	6.9					195
Z12-6	0.7	14583.54	50789.22	−36.5	2	2	1.3	8.4	4.4	17.9	3.8	
Z12-6	0.7	14583.54	50789.22	−37.8	1	1	0.7					660
Z12-6	0.7	14583.54	50789.22	−38.5	1	0						
Z12-2	1.2	14598.34	50780.82	0	7	7	1.5					
Z12-2	1.2	14598.34	50780.82	−1.5	4	4	21.4	8.4	4.4	18	4.9	56
Z12-2	1.2	14598.34	50780.82	−22.9	3	3	7.8					180
Z12-2	1.2	14598.34	50780.82	−30.7	3	0						
Z11-49	1.4	14417.74	50762.14	3.02	7	7	1.2					
Z11-49	1.4	14417.74	50762.14	1.82	6	6	7.5	20.9	7	17.4	3.1	
Z11-49	1.4	14417.74	50762.14	−5.68	5	5	5.4					

续附件

钻孔编号	地下水埋深(m)	MAPGIS:X	MAPGIS:Y	表层高程(m)	Material	Horizon	层厚(m)	内聚力 c(kPa)	内磨擦角 φ(°)	天然重度(kN/m³)	压缩模量(MPa)	抗压强度(kPa)
Z11-49	1.4	14417.74	50762.14	−11.08	3	3	4.7					
Z11-49	1.4	14417.74	50762.14	−15.78	3	0						
Z11-46	0.7	14477.34	50792.02	3.22	7	7	1.5					
Z11-46	0.7	14477.34	50792.02	1.72	5	5	7.6					
Z11-46	0.7	14477.34	50792.02	−5.88	4	4	17.5	20.9	7	17.4	3.1	
Z11-46	0.7	14477.34	50792.02	−23.38	3	3	3.2					
Z11-46	0.7	14477.34	50792.02	−26.58	2	2	2.2	17.3	24.9	18.4	5.7	
Z11-46	0.7	14477.34	50792.02	−28.78	2	0						
Z11-42	1.3	14464.34	50807.62	2.4	7	7	3.8					
Z11-42	1.3	14464.34	50807.62	−1.4	5	5	6.7					
Z11-42	1.3	14464.34	50807.62	−8.1	5	0						
Z11-32	0.7	14365.54	50812.22	2.7	7	7	3					
Z11-32	0.7	14365.54	50812.22	−0.3	6	6	8.5	8.4	4.4	17.9	3.8	
Z11-32	0.7	14365.54	50812.22	−8.8	5	5	2.5					
Z11-32	0.7	14365.54	50812.22	−11.3	3	3	2.6					
Z11-32	0.7	14365.54	50812.22	−13.9	2	2	14.8	17.3	24.9	18.4	5.7	
Z11-32	0.7	14365.54	50812.22	−28.7	1	1	5.5					
Z11-32	0.7	14365.54	50812.22	−34.2	1	0						
Z11-30	0.8	14443.74	50801.62	0	6	6	2.2	20.3	13.9	18.3	5.1	145
Z11-30	0.8	14443.74	50801.62	−2.2	4	4	13.8	2.61	2.5	16.4	2.4	54
Z11-30	0.8	14443.74	50801.62	−16	2	2	14	16.2	17	18.4	5.7	207
Z11-30	0.8	14443.74	50801.62	−30	1	1	9.7					
Z11-30	0.8	14443.74	50801.62	−39.7	1	0						

续附件

钻孔编号	地下水埋深 (m)	MAPGIS:X	MAPGIS:Y	表层高程 (m)	Material	Horizon	层厚 (m)	内聚力 c(kPa)	内磨擦角 φ(°)	天然重度 (kN/m³)	压缩模量 (MPa)	抗压强度 (kPa)
Z11-28	1.2	14442.34	50806.12	0	6	6	3.5	5.01	6.8	17.4	3.1	82
Z11-28	1.2	14442.34	50806.12	−3.5	5	5	13.9	13.2	30.4			
Z11-28	1.2	14442.34	50806.12	−17.4	4	4	21.2	5.12	3.2	18	4.9	60
Z11-28	1.2	14442.34	50806.12	−38.6	4	0						
Z11-26	1.5	14446.34	50795.92	0	6	6	1.6	5.21	8.8	17.4	3.1	86
Z11-26	1.5	14446.34	50795.92	−1.6	5	5	8.4	13	27.6			249
Z11-26	1.5	14446.34	50795.92	−10	4	4	1.5	5.63	7.5	17.9	3.8	100
Z11-26	1.5	14446.34	50795.92	−11.5	2	2	10.1	13.9	29.8			
Z11-26	1.5	14446.34	50795.92	−21.6	2	0						
Z11-25	1.2	14449.34	50785.02	0	6	6	1.5	12.5	12.8	18.3	17.4	241
Z11-25	1.2	14449.34	50785.02	−1.5	5	5	10.8	13.4	30.7			
Z11-25	1.2	14449.34	50785.02	−12.3	4	4	3.7	3.13	2.5	16.4	7.5	56
Z11-25	1.2	14449.34	50785.02	−16	2	2	8.2	15.2	13	18.3	4	281
Z11-25	1.2	14449.34	50785.02	−24.2	2	0						
Z11-23	1.2	14452.64	50768.32	0	6	6	1.7	17.4	13.5	18.3	5.1	
Z11-23	1.2	14452.64	50768.32	−1.7	5	5	9.3	13	28.8			
Z11-23	1.2	14452.64	50768.32	−11	2	2	20	12.6	16.9			
Z11-23	1.2	14452.64	50768.32	−31	2	0						
Z11-20	0.5	14456.64	50744.92	0	4	4	9.4	12.8	14.2			
Z11-20	0.5	14456.64	50744.92	−9.4	2	2	6.6	16.6	13.4	18.3	5.1	202
Z11-20	0.5	14456.64	50744.92	−16	2	0						
Z10-51	1.4	14331.98	50764.8	2.1	7	7	1.4					150
Z10-51	1.4	14331.98	50764.8	0.7	6	6	3.4	20.9	7	17.4	3.1	70

续附件

钻孔编号	地下水埋深（m）	MAPGIS:X	MAPGIS:Y	表层高程（m）	Material	Horizon	层厚（m）	内聚力 c(kPa)	内磨擦角 φ(°)	天然重度（kN/m^3）	压缩模量（MPa）	抗压强度（kPa）
Z10－51	1.4	14331.98	50764.8	－2.7	5	5	2.1					100
Z10－51	1.4	14331.98	50764.8	－4.8	4	4	26.1	6.8	7.4	16.5	2.1	60
Z10－51	1.4	14331.98	50764.8	－30.9	2	2	1	12.3	9.1	16.6	2.9	250
Z10－51	1.4	14331.98	50764.8	－31.9	2	0						
Z10－38	0	14349.5	50760.38	－0.1	6	6	1.5	20.9	7	17.4	3.1	40
Z10－38	0	14349.5	50760.38	－1.6	5	5	7.8					120
Z10－38	0	14349.5	50760.38	－9.4	4	4	14.6	7.5	6.7	16.4	2.4	40
Z10－38	0	14349.5	50760.38	－24	3	3	2.4					150
Z10－38	0	14349.5	50760.38	－26.4	3	0						
Z10－29	1.3	14325.42	50786.24	2.42	7	7	1.5					
Z10－29	1.3	14325.42	50786.24	0.92	6	6	2.5	20.9	7	17.4	3.1	
Z10－29	1.3	14325.42	50786.24	－1.58	5	5	11					
Z10－29	1.3	14325.42	50786.24	－12.58	4	4	4.6	8.4	4.4	17.9	3.8	
Z10－29	1.3	14325.42	50786.24	－17.18	2	2	7.9	16.9	16.8	17.2	4	
Z10－29	1.3	14325.42	50786.24	－25.08	1	1	0.8					
Z10－29	1.3	14325.42	50786.24	－25.88	1	0						
Z10－28	0.1	14322.4	50800.46	2	7	7	4.6					
Z10－28	0.1	14322.4	50800.46	－2.6	6	6	1	10.1	3.7	15.8	2.1	
Z10－28	0.1	14322.4	50800.46	－3.6	5	5	15.5					
Z10－28	0.1	14322.4	50800.46	－19.1	3	3	6.1					
Z10－28	0.1	14322.4	50800.46	－25.2	2	2	2.6	8.4	4.4	17.9	3.8	
Z10－28	0.1	14322.4	50800.46	－27.8	2	0						
Z10－25	0.1	14254.14	50747.06	1	7	7	1.5					

续附件

钻孔编号	地下水埋深（m）	MAPGIS:X	MAPGIS:Y	表层高程（m）	Material	Horizon	层厚（m）	内聚力 c(kPa)	内磨擦角 φ(°)	天然重度（kN/m³）	压缩模量（MPa）	抗压强度（kPa）
Z10-25	0.1	14254.14	50747.06	−0.5	6	6	3	17.4	13.5	18.3	5.1	
Z10-25	0.1	14254.14	50747.06	−3.5	5	5	3.5					
Z10-25	0.1	14254.14	50747.06	−7	4	4	1.6	20.9	7	17.4	3.1	
Z10-25	0.1	14254.14	50747.06	−8.6	3	3	10.5					
Z10-25	0.1	14254.14	50747.06	−19.1	2	2	8.6	17.4	13.5	18.3	5.1	
Z10-25	0.1	14254.14	50747.06	−28.8	1	1	1.61					
Z10-25	0.1	14254.14	50747.06	−30.41	1	0						
Z10-22	0.9	14260.38	50776.74	1.86	6	6	8	20.9	7	17.4	3.1	
Z10-22	0.9	14260.38	50776.74	−6.14	5	5	6.5					
Z10-22	0.9	14260.38	50776.74	−12.64	4	4	11.2	8.4	4.4	17.9	3.8	
Z10-22	0.9	14260.38	50776.74	−23.84	2	2	4					
Z10-22	0.9	14260.38	50776.74	−27.84	1	1	14.1					
Z10-22	0.9	14260.38	50776.74	−41.94	1	0						
Z4-2	1.25	14516.54	50895.82	2.6	7	7	3.3					
Z4-2	1.25	14516.54	50895.82	−0.7	5	5	1.4					
Z4-2	1.25	14516.54	50895.82	−2.1	4	4	13.5	8.4	4.4	17.9	3.8	
Z4-2	1.25	14516.54	50895.82	−15.6	3	3	2					
Z4-2	1.25	14516.54	50895.82	−17.6	3	0						
Z4-9	21.2	14605.74	50843.82	21.2	7	7	2.6					
Z4-9	21.2	14605.74	50843.82	18.6	6	6	3.8	8.4	4.4	17.9	3.8	
Z4-9	21.2	14605.74	50843.82	14.8	5	5	5					
Z4-9	21.2	14605.74	50843.82	9.8	4	4	10.3	7.5	6.7	16.4	2.4	
Z4-9	21.2	14605.74	50843.82	−0.5	4	0						

续附件

钻孔编号	地下水埋深 (m)	MAPGIS:X	MAPGIS:Y	表层高程 (m)	Material	Horizon	层厚 (m)	内聚力 c(kPa)	内磨擦角 φ(°)	天然重度 (kN/m³)	压缩模量 (MPa)	抗压强度 (kPa)
Z4-13	2	14506.54	50895.22	1.99	7	7	1					
Z4-13	2	14506.54	50895.22	0.99	6	6	2.5	20.9	7	17.4	3.1	
Z4-13	2	14506.54	50895.22	−1.51	5	5	8					
Z4-13	2	14506.54	50895.22	−9.51	4	4	2.5	17.4	13.5	18.3	5.1	
Z4-13	2	14506.54	50895.22	−12.01	3	3	2.5					
Z4-13	2	14506.54	50895.22	−14.51	3	0						
Z4-14	0	14514.94	50899.22	2.41	7	7	3.5					
Z4-14	0	14514.94	50899.22	−1.09	6	6	6.2	20.9	7	17.4	3.1	
Z4-14	0	14514.94	50899.22	−7.29	4	4	7.9	8.4	4.4	17.9	3.8	
Z4-14	0	14514.94	50899.22	−15.19	3	3	1.2					
Z4-14	0	14514.94	50899.22	−16.39	2	2	2.2	17.4	13.5	18.3	5.1	
Z4-14	0	14514.94	50899.22	−18.59	2	0						
Z4-15	1.1	14497.34	50913.22	11.48	7	7	1					
Z4-15	1.1	14497.34	50913.22	10.48	6	6	6.4	17.4	13.5	18.3	5.1	
Z4-15	1.1	14497.34	50913.22	4.08	2	2	7.1	17.4	13.5	18.3	5.1	
Z4-15	1.1	14497.34	50913.22	−3.02	2	0						
Z4-16	1	14538.74	50841.42	3.32	7	7	2.5					
Z4-16	1	14538.74	50841.42	0.82	4	4	20	7.5	6.7	16.4	2.4	
Z4-16	1	14538.74	50841.42	−19.18	3	3	12.1					
Z4-16	1	14538.74	50841.42	−31.28	3	0						
Z4-47	2.3	14544.94	50921.22	2.63	7	7	2.8					
Z4-47	2.3	14544.94	50921.22	−0.17	5	5	11.7					
Z4-47	2.3	14544.94	50921.22	−11.87	4	4	10.7	7.5	6.7	16.4	2.4	

续附件

钻孔编号	地下水埋深 (m)	MAPGIS:X	MAPGIS:Y	表层高程 (m)	Material	Horizon	层厚 (m)	内聚力 c(kPa)	内磨擦角 φ(°)	天然重度 (kN/m^3)	压缩模量 (MPa)	抗压强度 (kPa)
Z4-47	2.3	14544.94	50921.22	−22.57	4	0						
Z4-29	1.2	14563.34	50879.82	2.11	7	7	1.5					
Z4-29	1.2	14563.34	50879.82	0.61	6	6	1.5	10.1	3.7	15.8	2.1	
Z4-29	1.2	14563.34	50879.82	−0.89	5	5	8.6					
Z4-29	1.2	14563.34	50879.82	−9.49	4	4	11.9	8.4	4.4	16.4	2.8	
Z4-29	1.2	14563.34	50879.82	−21.39	2	2	2.4					
Z4-29	1.2	14563.34	50879.82	−23.79	2	0						
Z4-8	1	14603.34	50848.22	1.8	7	7	2.6					
Z4-8	1	14603.34	50848.22	−3.22	5	5	3.2					
Z4-8	1	14603.34	50848.22	−6.42	4	4	4.8	15	5.6	16.5	2.3	
Z4-8	1	14603.34	50848.22	−11.22	2	2	5.7	17.4	13.5	18.3	5.1	
Z4-8	1	14603.34	50848.22	−16.92	1	1	0.7					
Z4-8	1	14603.34	50848.22	−17.62	1	0						
Z4-4	0	14514.34	50848.42	0	7	7	2					
Z4-4	0	14514.34	50848.42	−2	6	6	4.8	8.4	4.4	17.9	3.8	
Z4-4	0	14514.34	50848.42	−6.8	5	5	10.2					
Z4-4	0	14514.34	50848.42	−17	4	4	3.7	7.5	6.7	16.4	2.4	
Z4-4	0	14514.34	50848.42	−20.7	2	2	9.7	17.3	24.9	18.4	5.7	
Z4-4	0	14514.34	50848.42	−30.4	1	1	3.9					
Z4-4	0	14514.34	50848.42	−34.3	1	0						
Z3-76	1.8	14477.94	50917.82	4	7	7	3.3					
Z3-76	1.8	14477.94	50917.82	0.7	5	5	7.2					
Z3-76	1.8	14477.94	50917.82	−6.5	4	4	13.3	8.4	4.4	17.9	3.8	100

续附件

钻孔编号	地下水埋深 (m)	MAPGIS:X	MAPGIS:Y	表层高程 (m)	Material	Horizon	层厚 (m)	内聚力 c(kPa)	内磨擦角 φ(°)	天然重度 (kN/m^3)	压缩模量 (MPa)	抗压强度 (kPa)
Z3-76	1.8	14477.94	50917.82	−19.8	2	2	1.6	17.4	13.5	18.3	5.1	263
Z3-76	1.8	14477.94	50917.82	−21.4	2	0						
Z3-80	1.65	14426.14	50917.02	2.22	7	7	2.8					
Z3-80	1.65	14426.14	50917.02	−0.58	5	5	8.8					
Z3-80	1.65	14426.14	50917.02	−9.38	4	4	16	17.4	13.5	18.3	5.1	
Z3-80	1.65	14426.14	50917.02	−25.38	3	3	1.7					
Z3-80	1.65	14426.14	50917.02	−27.08	3	0						
Z3-85	0	14425.22	50911.02	1.41	7	7	0.7					
Z3-85	0	14425.22	50911.02	0.71	6	6	5.3	4.6	4.4	15.3	1.6	
Z3-85	0	14425.22	50911.02	−4.59	5	5	4.2					
Z3-85	0	14425.22	50911.02	−8.79	4	4	10.2	8.4	4.4	17.9	3.8	
Z3-85	0	14425.22	50911.02	−18.99	2	2	3.8	17.3	24.9	18.4	5.7	
Z3-85	0	14425.22	50911.02	−22.79	2	0						
Z3-86	2.5	14471.14	50892.48	0.22	7	7	2					
Z3-86	2.5	14471.14	50892.48	−1.78	6	6	7.1	8.4	4.4	17.9	3.8	
Z3-86	2.5	14471.14	50892.48	−8.88	5	5	7.4					
Z3-86	2.5	14471.14	50892.48	−16.28	4	4	3.3	8.4	4.4	17.9	3.8	
Z3-86	2.5	14471.14	50892.48	−19.58	3	3	0.5					
Z3-86	2.5	14471.14	50892.48	−20.08	2	2	6	17.4	13.5	18.3	5.1	
Z3-86	2.5	14471.14	50892.48	−26.08	2	0						
Z3-16	7.3	14444.98	50844.42	7	7	7	4.2					
Z3-16	7.3	14444.98	50844.42	2.8	6	6	8.6	17.3	24.9	18.4	5.7	
Z3-16	7.3	14444.98	50844.42	−1.6	5	5	20.3					

续附件

钻孔编号	地下水埋深(m)	MAPGIS:X	MAPGIS:Y	表层高程(m)	Material	Horizon	层厚(m)	内聚力 c(kPa)	内磨擦角 φ(°)	天然重度(kN/m³)	压缩模量(MPa)	抗压强度(kPa)
Z3-16	7.3	14444.98	50844.42	−13.3	4	4	30.1	8.4	4.4	18	4.9	
Z3-16	7.3	14444.98	50844.42	−23.1	4	0						
Z3-19	1.5	14460.94	50908.92	0	7	7	1.7					
Z3-19	1.5	14460.94	50908.92	−1.7	6	6	4.8	20.9	7	17.4	3.1	189
Z3-19	1.5	14460.94	50908.92	−6.5	4	4	5.3	8.4	4.4	17.9	3.8	
Z3-19	1.5	14460.94	50908.92	−11.8	3	3	0.9					
Z3-19	1.5	14460.94	50908.92	−12.7	2	2	10.2	17.3	24.9	18.4	5.7	129
Z3-19	1.5	14460.94	50908.92	−22.9	2	0						
Z3-21	1.5	14519.14	50913.72	1.96	7	7	2.3					
Z3-21	1.5	14519.14	50913.72	−0.34	6	6	7.5	20.9	7	17.4	3.1	83
Z3-21	1.5	14519.14	50913.72	−7.84	5	5	8					
Z3-21	1.5	14519.14	50913.72	−15.84	5	0						
Z3-23	3.5	14445.44	50894.14	6.2	7	7	3.9					
Z3-23	3.5	14445.44	50894.14	2.3	6	6	5.4	8.4	4.4	17.9	3.8	
Z3-23	3.5	14445.44	50894.14	−3.1	5	5	10					
Z3-23	3.5	14445.44	50894.14	−13.1	4	4	3.8	7.5	6.7	16.4	2.4	
Z3-23	3.5	14445.44	50894.14	−16.9	2	2	5.7	20.9	7	17.4	3.1	
Z3-23	3.5	14445.44	50894.14	−22.6	2	0						
Z3-25	0.4	14452.94	50875.62	1.5	7	7	3					
Z3-25	0.4	14452.94	50875.62	−1.5	5	5	3					
Z3-25	0.4	14452.94	50875.62	−4.5	4	4	10.6	16.9	16.8	17.2	4	
Z3-25	0.4	14452.94	50875.62	−15.1	3	3	5.4					
Z3-25	0.4	14452.94	50875.62	−20.5	3	0						

续附件

钻孔编号	地下水埋深（m）	MAPGIS:X	MAPGIS:Y	表层高程（m）	Material	Horizon	层厚（m）	内聚力 c(kPa)	内磨擦角 φ(°)	天然重度（kN/m^3）	压缩模量（MPa）	抗压强度（kPa）
Z3－36	1.2	14507.84	50913.66	0	6	6	4.9	20.9	7	17.4	3.1	
Z3－36	1.2	14507.84	50913.66	－4.9	5	5	14.3					
Z3－36	1.2	14507.84	50913.66	－19.2	5	0						
Z3－41	2.5	14509.54	50857.12	0	7	7	2.8					
Z3－41	2.5	14509.54	50857.12	－2.8	5	5	6.2					
Z3－41	2.5	14509.54	50857.12	－9	4	4	15	8.4	4.4	18	4.9	80
Z3－41	2.5	14509.54	50857.12	－24	3	3	9.9					
Z3－41	2.5	14509.54	50857.12	－33.9	3	0						
Z3－55	1.4	14424.34	50900.42	2.92	7	7	1.7					
Z3－55	1.4	14424.34	50900.42	1.22	6	6	6.8	20.9	7	17.4	3.1	
Z3－55	1.4	14424.34	50900.42	－5.58	2	2	8.9	16.9	16.8	17.2	4	192
Z3－55	1.4	14424.34	50900.42	－14.48	2	0						
Z3－66	1.5	14484.14	50829.82	1.8	7	7	3					
Z3－66	1.5	14484.14	50829.82	－1.2	6	6	1.3	20.9	7	17.4	3.1	105
Z3－66	1.5	14484.14	50829.82	－2.5	5	5	2.1					
Z3－66	1.5	14484.14	50829.82	－4.6	4	4	19	7.5	6.7	16.4	2.4	55
Z3－66	1.5	14484.14	50829.82	－23.6	3	3	1.5					
Z3－66	1.5	14484.14	50829.82	－25.1	3	0						
Z3－75	0.8	14456.54	50873.12	0	6	6	1.5	17.4	13.5	18.3	5.1	
Z3－75	0.8	14456.54	50873.12	－1.5	4	4	3	20.9	7	17.4	3.1	
Z3－75	0.8	14456.54	50873.12	－4.5	2	2	17.9	20.9	7	17.4	3.1	78
Z3－75	0.8	14456.54	50873.12	－22.4	2	0						
Z2－96	2.45	14380.84	50917.22	3.18	7	7	2					344

续附件

钻孔编号	地下水埋深 (m)	MAPGIS:X	MAPGIS:Y	表层高程 (m)	Material	Horizon	层厚 (m)	内聚力 c(kPa)	内磨擦角 φ(°)	天然重度 (kN/m³)	压缩模量 (MPa)	抗压强度 (kPa)
Z2-96	2.45	14380.84	50917.22	1.18	6	6	4.5	17.4	13.5	18.3	5.1	204
Z2-96	2.45	14380.84	50917.22	−3.32	3	3	3.5					184
Z2-96	2.45	14380.84	50917.22	−6.82	3	0						
Z2-43	1.1	14407.14	50907.92	2.33	7	7	2.4					270
Z2-43	1.1	14407.14	50907.92	−0.07	2	2	4.3	17.4	13.5	18.3	5.1	
Z2-43	1.1	14407.14	50907.92	−4.37	2	0						
Z2-50	0	14381.54	50901.22	0	7	7	1.5					
Z2-50	0	14381.54	50901.22	−1.5	6	6	5.5	20.9	7	17.4	3.1	
Z2-50	0	14381.54	50901.22	−7	5	5	0.6					
Z2-50	0	14381.54	50901.22	−7.6	4	4	3.3	20.9	7	17.4	3.1	
Z2-50	0	14381.54	50901.22	−10.9	2	2	3.1					
Z2-50	0	14381.54	50901.22	−14	2	0						
Z2-55	0.9	14375.34	50877.82	0	7	7	1.9					
Z2-55	0.9	14375.34	50877.82	−1.9	5	5	3.5					
Z2-55	0.9	14375.34	50877.82	−5.4	2	2	4.7	17.4	13.5	18.3	5.1	
Z2-55	0.9	14375.34	50877.82	−10.1	2	0						
Z2-56	1.1	14398.74	50880.42	1.92	7	7	1.3					
Z2-56	1.1	14398.74	50880.42	0.62	5	5	1.7					
Z2-56	1.1	14398.74	50880.42	−1.08	4	4	13.2	8.4	4.4	17.9	3.8	
Z2-56	1.1	14398.74	50880.42	−14.28	3	3	1.4					
Z2-56	1.1	14398.74	50880.42	−15.68	3	0						
Z2-67	0.2	14367.54	50844.62	2.49	7	7	0.6					
Z2-67	0.2	14367.54	50844.62	1.89	6	6	1.2	17.4	13.5	18.3	5.1	229

续附件

钻孔编号	地下水埋深 (m)	MAPGIS:X	MAPGIS:Y	表层高程 (m)	Material	Horizon	层厚 (m)	内聚力 c(kPa)	内磨擦角 φ(°)	天然重度 (kN/m³)	压缩模量 (MPa)	抗压强度 (kPa)
Z2-67	0.2	14367.54	50844.62	0.69	4	4	1.8	20.9	7	17.4	3.1	78
Z2-67	0.2	14367.54	50844.62	−1.11	3	3	6.9					
Z2-67	0.2	14367.54	50844.62	−8.01	3	0						
Z2-79	2.2	14397.94	50853.42	2.27	7	7	3.5					
Z2-79	2.2	14397.94	50853.42	−1.23	5	5	5.5					
Z2-79	2.2	14397.94	50853.42	−6.73	2	2	5	8.4	4.4	17.9	3.8	105
Z2-79	2.2	14397.94	50853.42	−11.73	2	0						
Z2-95	0.6	14346.94	50914.52	0	7	7	1.2					100
Z2-95	0.6	14346.94	50914.52	−1.2	2	2	1.7	11.2	5.8	17.6	2.7	250
Z2-95	0.6	14346.94	50914.52	−2.9	2	0						
Z2-109	1.13	14335.74	50888.62	2.22	7	7	2					
Z2-109	1.13	14335.74	50888.62	0.22	6	6	7.8	17.4	13.5	18.3	5.1	287
Z2-109	1.13	14335.74	50888.62	−7.58	2	2	1.6					
Z2-109	1.13	14335.74	50888.62	−9.18	2	0						
Z2-149	1.8	14301.84	50917.62	3.33	7	7	2.5					120
Z2-149	1.8	14301.84	50917.62	0.83	4	4	6.7	20.9	7	17.4	3.1	40
Z2-149	1.8	14301.84	50917.62	−5.87	2	2	2.3	16.9	16.8	17.2	4	200
Z2-149	1.8	14301.84	50917.62	−8.17	2	0						
Z2-154	2.6	14314.74	50920.42	6.32	7	7	2.6					120
Z2-154	2.6	14314.74	50920.42	3.72	2	2	17.3	11.2	5.8	17.6	2.7	200
Z2-154	2.6	14314.74	50920.42	−3.58	2	0						
Z2-162	1.2	14336.74	50893.72	0	7	7	1.4					
Z2-162	1.2	14336.74	50893.72	−1.4	6	6	1.1	17.4	13.5	18.3	5.1	125

续附件

钻孔编号	地下水埋深（m）	MAPGIS:X	MAPGIS:Y	表层高程（m）	Material	Horizon	层厚（m）	内聚力 c(kPa)	内磨擦角 φ(°)	天然重度（kN/m^3）	压缩模量（MPa）	抗压强度（kPa）
Z2-162	1.2	14336.74	50893.72	−2.5	4	4	1.5	20.9	7	17.4	3.1	
Z2-162	1.2	14336.74	50893.72	−4	2	2	8.5	17.3	24.9	18.4	5.7	187
Z2-162	1.2	14336.74	50893.72	−12.6	2	0						
Z1-36	1.2	14228.22	50911.58	2.85	7	7	2.4					
Z1-36	1.2	14228.22	50911.58	0.45	4	4	6.1	20.9	7	17.4	3.1	
Z1-36	1.2	14228.22	50911.58	−5.65	2	2	1	16.9	16.8	17.2	4	
Z1-36	1.2	14228.22	50911.58	−6.65	2	0						
Z1-43	1.25	14233.18	50879.64	3.2	6	6	2.4	11.2	5.8	17.6	2.7	
Z1-43	1.25	14233.18	50879.64	0.8	5	5	13.7					
Z1-43	1.25	14233.18	50879.64	−12.9	4	4	6.7	20.9	7	18	4.9	
Z1-43	1.25	14233.18	50879.64	−19.6	3	3	6.1					
Z1-43	1.25	14233.18	50879.64	−25.7	2	2	6.1	8.4	4.4	17.9	3.8	
Z1-43	1.25	14233.18	50879.64	−31.8	2	0						
Z1-93	1.45	14197.82	50873.64	1.49	6	6	2.5	11.2	5.8	17.6	2.7	183
Z1-93	1.45	14197.82	50873.64	−1.01	4	4	9.1	6.8	7.4	16.5	2.1	
Z1-93	1.45	14197.82	50873.64	−10.11	2	2	1.4	16.9	16.8	17.2	4	270
Z1-93	1.45	14197.82	50873.64	−11.51	2	0						
Z1-79	1.2	14169.38	50900.46	0	7	7	2					
Z1-79	1.2	14169.38	50900.46	−2	5	5	14					60
Z1-79	1.2	14169.38	50900.46	−16	4	4	4.5	8.4	4.4	17.9	3.8	68
Z1-79	1.2	14169.38	50900.46	−20.5	4	0						
Z1-45	0.85	14224.64	50838.98	2.57	7	7	3.7					
Z1-45	0.85	14224.64	50838.98	−1.13	6	6	3.1	11.2	5.8	17.6	2.7	

续附件

钻孔编号	地下水埋深 (m)	MAPGIS:X	MAPGIS:Y	表层高程 (m)	Material	Horizon	层厚 (m)	内聚力 c(kPa)	内磨擦角 φ(°)	天然重度 (kN/m^3)	压缩模量 (MPa)	抗压强度 (kPa)
Z1-45	0.85	14224.64	50838.98	−4.23	5	5	11					
Z1-45	0.85	14224.64	50838.98	−15.23	4	4	8.1	8.4	4.4	17.9	3.8	
Z1-45	0.85	14224.64	50838.98	−23.33	2	2	2.7	11.1	3.5	16.7	2.5	
Z1-45	0.85	14224.64	50838.98	−26.03	2	0						
Z1-84	1.25	14195.56	50898.04	3.25	7	7	1.3					187
Z1-84	1.25	14195.56	50898.04	1.95	6	6	1.2	17.4	13.5	18.3	5.1	78
Z1-84	1.25	14195.56	50898.04	0.75	4	4	17.3	7.5	6.7	16.4	2.4	75
Z1-84	1.25	14195.56	50898.04	−16.55	4	0						
Z3-20	8.5	14086.48	50874.32	8.63	7	7	7.7					238
Z8-20	8.5	14086.48	50874.32	0.93	5	5	6.3					134
Z8-20	8.5	14086.48	50874.32	−5.37	3	3	11.8					
Z8-20	8.5	14086.48	50874.32	−17.17	3	0						
Z8-22	6.2	14105.44	50875.22	8.41	7	7	5.7					
Z8-22	6.2	14105.44	50875.22	2.71	6	6	3.9	17.4	13.5	18.3	5.1	95
Z8-22	6.2	14105.44	50875.22	−1.19	5	5	2.4					
Z8-22	6.2	14105.44	50875.22	−3.59	4	4	1.6	8.4	4.4	17.9	3.8	84
Z8-22	6.2	14105.44	50875.22	−5.19	3	3	10.6					
Z8-22	6.2	14105.44	50875.22	−15.79	3	0						
Z8-30	2.5	14101.34	50875.22	4.4	7	7	3.7					166
Z8-30	2.5	14101.34	50875.22	0.7	4	4	6.6	20.9	7	17.4	3.1	90
Z8-30	2.5	14101.34	50875.22	−5.9	2	2	2.2					
Z8-30	2.5	14101.34	50875.22	−8.1	1	1	3.3					
Z8-30	2.5	14101.34	50875.22	−11.4	1	0						

续附件

钻孔编号	地下水埋深 (m)	MAPGIS:X	MAPGIS:Y	表层高程 (m)	Material	Horizon	层厚 (m)	内聚力 c(kPa)	内磨擦角 φ(°)	天然重度 (kN/m³)	压缩模量 (MPa)	抗压强度 (kPa)
Z60-12	0.2	14574.66	50980.28	1.55	7	7	0.5					99
Z60-12	0.2	14574.66	50980.28	1.05	6	6	9.5	20.9	7	17.4	3.1	41
Z60-12	0.2	14574.66	50980.28	-8.45	5	5	4					
Z60-12	0.2	14574.66	50980.28	-12.45	4	4	1	20.9	7	17.4	3.1	
Z60-12	0.2	14574.66	50980.28	-13.45	3	3	5.1					
Z60-12	0.2	14574.66	50980.28	-18.55	3	0						
Z60-4	1.2	14564.44	50927.52	-0.3	7	7	2.8					
Z60-4	1.2	14564.44	50927.52	-3.1	5	5	10.2					
Z60-4	1.2	14564.44	50927.52	-13.3	4	4	3.5	20.9	7	17.4	3.1	105
Z60-4	1.2	14564.44	50927.52	-16.8	4	0						
Z60-7	0.3	14498.84	51006.22	0	7	7	1.3					
Z60-7	0.3	14498.84	51006.22	-1.3	4	4	1.8	20.9	7	17.4	3.1	
Z60-7	0.3	14498.84	51006.22	-3.1	2	2	11.2	16.9	16.8	17.2	4	280
Z60-7	0.3	14498.84	51006.22	-14.3	2	0						
Z60-17	1	14551.74	51015.22	1.43	7	7	1.1					
Z60-17	1	14551.74	51015.22	0.33	4	4	0.9	4.6	4.4	15.3	1.6	
Z60-17	1	14551.74	51015.22	-0.57	3	3	16.6					
Z60-17	1	14551.74	51015.22	-17.17	3	0						
Z60-20	1.8	14549.3	50938	-0.73	7	7	1.9					
Z60-20	1.8	14549.3	50938	-2.63	6	6	1.4	4.6	4.4	15.3	1.6	
Z60-20	1.8	14549.3	50938	-4.03	5	5	7					
Z60-20	1.8	14549.3	50938	-11.03	4	4	2.1	8.4	4.4	16.4	2.8	
Z60-20	1.8	14549.3	50938	-13.13	3	3	9.8					

续附件

钻孔编号	地下水埋深 (m)	MAPGIS:X	MAPGIS:Y	表层高程 (m)	Material	Horizon	层厚 (m)	内聚力 c(kPa)	内磨擦角 φ(°)	天然重度 (kN/m^3)	压缩模量 (MPa)	抗压强度 (kPa)
Z60-20	1.8	14549.3	50938	−22.93	3	0						
Z60-19	1.55	14525.14	50974.82	1.7	7	7	1.8					
Z60-19	1.55	14525.14	50974.82	−0.1	4	4	2.2	20.9	7	17.4	3.1	
Z60-19	1.55	14525.14	50974.82	−2.3	2	2	9	16.9	16.8	17.2	4	92
Z60-19	1.55	14525.14	50974.82	−11.3	1	1	2.3					
Z60-19	1.55	14525.14	50974.82	−13.6	1	0						
Z60-25	1.6	14525.04	50939.6	−0.31	7	7	2.8					
Z60-25	1.6	14525.04	50939.6	−3.11	6	6	1.8	8.4	4.4	18	4.9	
Z60-25	1.6	14525.04	50939.6	−4.91	5	5	7.9					
Z60-25	1.6	14525.04	50939.6	−12.81	4	4	5.1	7.5	6.7	16.4	2.4	
Z60-25	1.6	14525.04	50939.6	−17.91	1	1	2.5					
Z60-25	1.6	14525.04	50939.6	−20.41	1	0						
Z59-124	0.65	14443.44	50998.82	1.09	7	7	2.2					
Z59-124	0.65	14443.44	50998.82	−1.11	5	5	3.8					
Z59-124	0.65	14443.44	50998.82	−4.91	3	3	14.3					
Z59-124	0.65	14443.44	50998.82	−19.21	2	2	1.3	17.4	13.5	18.3	5.1	
Z59-124	0.65	14443.44	50998.82	−20.51	2	0						
Z59-134	0	14499.14	50987	0.6	7	7	0.9					
Z59-134	0	14499.14	50987	−0.3	6	6	0.6	17.4	13.5	18.3	5.1	
Z59-134	0	14499.14	50987	−0.9	5	5	2.4					
Z59-134	0	14499.14	50987	−3.3	3	3	4.8					
Z59-134	0	14499.14	50987	−8.1	2	2	9.1	17.3	24.9	18.4	5.7	
Z59-134	0	14499.14	50987	−17.2	1	1	2.9					

续附件

钻孔编号	地下水埋深 (m)	MAPGIS:X	MAPGIS:Y	表层高程 (m)	Material	Horizon	层厚 (m)	内聚力 c(kPa)	内磨擦角 φ(°)	天然重度 (kN/m^3)	压缩模量 (MPa)	抗压强度 (kPa)
Z59-134	0	14499.14	50987	−20.1	1	0						
Z59-183	1.2	14442.54	50966.02	2.97	7	7	1.5					
Z59-183	1.2	14442.54	50966.02	1.47	6	6	4.2	20.9	7	17.4	3.1	
Z59-183	1.2	14442.54	50966.02	−2.73	4	4	8.8	16.9	16.8	17.2	4	
Z59-183	1.2	14442.54	50966.02	−11.53	3	3	9.9					
Z59-183	1.2	14442.54	50966.02	−21.43	2	2	2.1	12.3	9.1	16.6	2.9	
Z59-183	1.2	14442.54	50966.02	−23.53	2	0						
Z59-185	1.2	14426.94	50987.64	1.6	7	7	2					
Z59-185	1.2	14426.94	50987.64	−0.4	5	5	4.8					
Z59-185	1.2	14426.94	50987.64	−5.2	3	3	4.7					
Z59-185	1.2	14426.94	50987.64	−9.9	2	2	2	17.4	13.5	18.3	5.1	419
Z59-185	1.2	14426.94	50987.64	−11.9	1	1	11					
Z59-185	1.2	14426.94	50987.64	−22.9	1	0						
Z59-193	0.4	14528.72	50947.62	0	5	5	7.4					130
Z59-193	0.4	14528.72	50947.62	−7.4	4	4	9.1	20.9	7	17.4	3.1	253
Z59-193	0.4	14528.72	50947.62	−16.5	2	2	9.9	17.4	13.5	18.3	5.1	352
Z59-193	0.4	14528.72	50947.62	−26.4	2	0						
Z58-37	1.8	14329.14	50955.22	0	7	7	2.6					
Z58-37	1.8	14329.14	50955.22	−2.6	4	4	3.6	17.4	13.5	18.3	5.1	
Z58-37	1.8	14329.14	50955.22	−6.2	2	2	1.6					
Z58-37	1.8	14329.14	50955.22	−7.8	2	0						
Z58-38	1.5	14350.34	50991.02	2.08	7	7	1.2					
Z58-38	1.5	14350.34	50991.02	0.88	6	6	1.3	17.4	13.5	18.3	5.1	

续附件

钻孔编号	地下水埋深（m）	MAPGIS:X	MAPGIS:Y	表层高程（m）	Material	Horizon	层厚（m）	内聚力 c(kPa)	内磨擦角 φ(°)	天然重度（kN/m³）	压缩模量（MPa）	抗压强度（kPa）
Z58－38	1.5	14350.34	50991.02	−0.42	5	5	2.5					
Z58－38	1.5	14350.34	50991.02	−2.92	4	4	6.2	17.4	13.5	18.3	5.1	100
Z58－38	1.5	14350.34	50991.02	−9.12	4	0						
Z58－70	0.5	14346.94	50963.4	3.36	7	7	1.2					
Z58－70	0.5	14346.94	50963.4	2.16	5	5	6.8					252
Z58－70	0.5	14346.94	50963.4	−3.44	4	4	4.8	20.9	7	17.4	3.1	57
Z58－70	0.5	14346.94	50963.4	−8.24	3	3	0.5					
Z58－70	0.5	14346.94	50963.4	−8.74	3	0						
Z58－85	1.2	14379.14	50932.62	2.81	7	7	2.89					
Z58－85	1.2	14379.14	50932.62	−0.08	6	6	7.99	20.9	7	17.4	3.1	84
Z58－85	1.2	14379.14	50932.62	−8.09	4	4	9.39	17.4	13.5	18.3	5.1	70
Z58－85	1.2	14379.14	50932.62	−17.48	4	0						
Z58－57	1.8	14410.56	50937.04	2.7	7	7	1					
Z58－57	1.8	14410.56	50937.04	1.7	6	6	3.7	20.9	7	17.4	3.1	98
Z58－57	1.8	14410.56	50937.04	−2	5	5	3.5					
Z58－57	1.8	14410.56	50937.04	−5.5	4	4	0.6	8.4	4.4	18	4.9	
Z58－57	1.8	14410.56	50937.04	−6.1	3	3	7.7					
Z58－57	1.8	14410.56	50937.04	−13.8	3	0						
Z58－82	1.6	14398.74	51005.82	0	7	7	4					
Z58－82	1.6	14398.74	51005.82	−4	5	5	2.1					140
Z58－82	1.6	14398.74	51005.82	−6.1	4	4	2.1	20.9	7	17.4	3.1	
Z58－82	1.6	14398.74	51005.82	−8.2	3	3	6.6					271
Z58－82	1.6	14398.74	51005.82	−14.8	2	2	3	17.4	13.5	18.3	5.1	224

续附件

钻孔编号	地下水埋深（m）	MAPGIS:X	MAPGIS:Y	表层高程（m）	Material	Horizon	层厚（m）	内聚力 c(kPa)	内磨擦角 φ(°)	天然重度（kN/m³）	压缩模量（MPa）	抗压强度（kPa）
Z58-82	1.6	14398.74	51005.82	−18	2	0						
Z57-35	1	14174.14	50933.62	0	6	6	3	17.4	13.5	18.3	5.1	110
Z57-35	1	14174.14	50933.62	−3	4	4	25.6	20.9	7	18	4.9	100
Z57-35	1	14174.14	50933.62	−28.6	3	3	5.7					
Z57-35	1	14174.14	50933.62	−34.3	1	1	3.2					
Z57-35	1	14174.14	50933.62	−37.5	1	0						
Z57-40	1.7	14256.14	51012.48	0	7	7	1.3					
Z57-40	1.7	14256.14	51012.48	−1.3	6	6	2.3	17.4	13.5	18.3	5.1	110
Z57-40	1.7	14256.14	51012.48	−3.6	4	4	2.9	4.6	4.4	15.3	1.6	40
Z57-40	1.7	14256.14	51012.48	−6.5	2	2	7.9	17.4	13.5	18.3	5.1	302
Z57-40	1.7	14256.14	51012.48	−14.4	2	0						
Z57-45	8	14238.74	50938.06	8.3	7	7	5.5					192
Z57-45	8	14238.74	50938.06	2.8	6	6	4	17.4	13.5	18.3	5.1	131
Z57-45	8	14238.74	50938.06	−1.2	4	4	1.6	8.4	4.4	17.9	3.8	78
Z57-45	8	14238.74	50938.06	−2.8	3	3	3.2					
Z57-45	8	14238.74	50938.06	−6	2	2	5.3	17.4	13.5	18.3	5.1	277
Z57-45	8	14238.74	50938.06	−11.3	2	0						
Z51-2	1.4	14382.84	51034.42	0	7	7	1.2					
Z51-2	1.4	14382.84	51034.42	−1.2	5	5	3.3					198
Z51-2	1.4	14382.84	51034.42	−4.5	2	2	3.8	17.4	13.5	18.3	5.1	273
Z51-2	1.4	14382.84	51034.42	−8.3	2	0						
Z51-9	1.6	14395.44	51088.48	0	7	7	1.2					
Z51-9	1.6	14395.44	51088.48	−1.2	6	6	2.8	20.9	7	17.4	3.1	86

续附件

钻孔编号	地下水埋深（m）	MAPGIS:X	MAPGIS:Y	表层高程（m）	Material	Horizon	层厚（m）	内聚力 c(kPa)	内磨擦角 φ(°)	天然重度（kN/m^3）	压缩模量（MPa）	抗压强度（kPa）
Z51-9	1.6	14395.44	51088.48	−4	5	5	3.1					140
Z51-9	1.6	14395.44	51088.48	−7.1	2	2	1.3	16.9	16.8	17.2	4	32
Z51-9	1.6	14395.44	51088.48	−8.4	2	0						
Z51-14	1.1	14373.34	51087.62	1.5	7	7	1.1					
Z51-14	1.1	14373.34	51087.62	0.4	6	6	4.5	20.9	7	18	4.9	71
Z51-14	1.1	14373.34	51087.62	−4.1	2	2	9.4	17.4	13.5	18.3	5.1	159
Z51-14	1.1	14373.34	51087.62	−13.5	2	0						
Z51-25	1.15	14414.04	51029.22	1.12	7	7	1.5					
Z51-25	1.15	14414.04	51029.22	−0.38	6	6	0.9	20.9	7	17.4	3.1	
Z51-25	1.15	14414.04	51029.22	−1.28	5	5	12.1					
Z51-25	1.15	14414.04	51029.22	−13.38	3	3	4.3					
Z51-25	1.15	14414.04	51029.22	−17.68	2	2	0.7	17.4	13.5	18.3	5.1	
Z51-25	1.15	14414.04	51029.22	−18.38	2	0						
Z51-19	1	14434.84	51050.42	0	7	7	0.9					
Z51-19	1	14434.84	51050.42	−0.9	6	6	0.8	20.9	7	17.4	3.1	76
Z51-19	1	14434.84	51050.42	−1.7	5	5	7.9					
Z51-19	1	14434.84	51050.42	−9.6	2	2	9.9	17.3	24.9	18.4	5.7	239
Z51-19	1	14434.84	51050.42	−19.5	2	0						
Z50-13	2.15	14397.98	51038.9	2.509	7	7	3.3					
Z50-13	2.15	14397.98	51038.9	−0.79	5	5	2.1					
Z50-13	2.15	14397.98	51038.9	−2.89	4	4	1.7	20.9	7	17.4	3.1	88
Z50-13	2.15	14397.98	51038.9	−4.59	3	3	9.7					
Z50-13	2.15	14397.98	51038.9	−14.29	1	1	11.1					

续附件

钻孔编号	地下水埋深 (m)	MAPGIS:X	MAPGIS:Y	表层高程 (m)	Material	Horizon	层厚 (m)	内聚力 c(kPa)	内磨擦角 φ(°)	天然重度 (kN/m³)	压缩模量 (MPa)	抗压强度 (kPa)
Z50-13	2.15	14397.98	51038.9	−25.39	1	0						
Z50-16	3	14308.18	51036.1	−1.05	4	4	7.3	15	5.6	16.5	2.3	40
Z50-16	3	14308.18	51036.1	−8.35	3	3	7.4					
Z50-16	3	14308.18	51036.1	−15.75	3	0						
Z50-37	3.5	14389.98	51019.66	3.64	7	7	3.9					
Z50-37	3.5	14389.98	51019.66	−0.26	4	4	2.3	20.9	7	17.4	3.1	97
Z50-37	3.5	14389.98	51019.66	−2.56	3	3	10.5					
Z50-37	3.5	14389.98	51019.66	−13.06	2	2	3	17.4	13.5	18.3	5.1	223
Z50-37	3.5	14389.98	51019.66	−16.06	2	0						
Z50-46	2.8	14392.58	51041.44	4.8	7	7	3.5					343
Z50-46	2.8	14392.58	51041.44	1.3	6	6	1.6	17.4	13.5	18.3	5.1	200
Z50-46	2.8	14392.58	51041.44	−0.3	5	5	9.9					
Z50-46	2.8	14392.58	51041.44	−10.2	4	4	2.1	20.9	7	17.4	3.1	189
Z50-46	2.8	14392.58	51041.44	−12.3	3	3	11.68					
Z50-46	2.8	14392.58	51041.44	−23.98	3	0						
Z50-54	1.6	14384.78	51072.86	2.11	7	7	1.2					
Z50-54	1.6	14384.78	51072.86	0.91	6	6	3.9	20.9	7	17.4	3.1	96
Z50-54	1.6	14384.78	51072.86	−2.99	5	5	4.6					
Z50-54	1.6	14384.78	51072.86	−7.59	3	3	2.3					
Z50-54	1.6	14384.78	51072.86	−9.89	1	1	6.2					
Z50-54	1.6	14384.78	51072.86	−16.09	1	0						
Z50-74	2.3	14298.94	51036.62	2.61	7	7	2					
Z50-74	2.3	14298.94	51036.62	0.61	6	6	3.5	20.9	7	17.4	3.1	

续附件

钻孔编号	地下水埋深（m）	MAPGIS:X	MAPGIS:Y	表层高程（m）	Material	Horizon	层厚（m）	内聚力 c(kPa)	内磨擦角 φ(°)	天然重度（kN/m³）	压缩模量（MPa）	抗压强度（kPa）
Z50－74	2.3	14298.94	51036.62	−2.89	5	5	4.4					
Z50－74	2.3	14298.94	51036.62	−7.29	4	4	2.6	16.9	16.8	17.2	4	
Z50－74	2.3	14298.94	51036.62	−9.89	4	0						
Z50－81	2.2	14402.38	51092.58	2.2	7	7	1.6					
Z50－81	2.2	14402.38	51092.58	0.6	5	5	7.6	25	18.5			250
Z50－81	2.2	14402.38	51092.58	−7	4	4	3.2	7.5	2.1	17.4	3.1	86
Z50－81	2.2	14402.38	51092.58	−10.2	2	2	10	28.2	21	18.3	5.1	435
Z50－81	2.2	14402.38	51092.58	−20.2	2	0						
Z50－92	2	14348.54	51028.06	−0.5	7	7	3.8					
Z50－92	2	14348.54	51028.06	−4.3	6	6	2.5	20.9	7	17.4	3.1	
Z50－92	2	14348.54	51028.06	−6.8	5	5	7.4					140
Z50－92	2	14348.54	51028.06	−14.2	4	4	1.1	17.4	13.5	18.3	5.1	
Z50－92	2	14348.54	51028.06	−15.3	2	2	1.2	17.4	13.5	18.3	5.1	370
Z50－92	2	14348.54	51028.06	−16.5	2	0						
Z50－105	2.5	14353.38	51022.86	2.92	7	7	1.5					
Z50－105	2.5	14353.38	51022.86	1.42	6	6	4.8	8.4	4.4	18	4.9	93
Z50－105	2.5	14353.38	51022.86	−3.38	5	5	7.2					198
Z50－105	2.5	14353.38	51022.86	−10.58	2	2	0.9	16.9	16.8	17.2	4	
Z50－105	2.5	14353.38	51022.86	−11.48	2	0						
Z50－115	1.3	14288.74	51027.46	2.32	7	7	1.3					
Z50－115	1.3	14288.74	51027.46	1.02	6	6	1.2	11.2	5.8	17.6	2.7	100
Z50－115	1.3	14288.74	51027.46	−0.18	4	4	12.9	20.9	7	17.4	3.1	70
Z50－115	1.3	14288.74	51027.46	−13.08	2	2	1.6	16.9	16.8	17.2	4	380

续附件

钻孔编号	地下水埋深 (m)	MAPGIS:X	MAPGIS:Y	表层高程 (m)	Material	Horizon	层厚 (m)	内聚力 c(kPa)	内磨擦角 φ(°)	天然重度 (kN/m^3)	压缩模量 (MPa)	抗压强度 (kPa)
Z50-115	1.3	14288.74	51027.46	−14.68	1	1	2.2					
Z50-115	1.3	14288.74	51027.46	−16.88	1	0						
Z50-122	1.1	14365.1	51063.7	2.41	7	7	1.2					
Z50-122	1.1	14365.1	51063.7	1.21	6	6	2	4.6	4.4	15.3	1.6	
Z50-122	1.1	14365.1	51063.7	−0.79	5	5	2.3					
Z50-122	1.1	14365.1	51063.7	−3.09	4	4	1.5	20.9	7	17.4	3.1	
Z50-122	1.1	14365.1	51063.7	−4.59	3	3	7					
Z50-122	1.1	14365.1	51063.7	−11.59	2	2	1	16.9	16.8	17.2	4	259
Z50-122	1.1	14365.1	51063.7	−12.59	1	1	3.7					
Z50-122	1.1	14365.1	51063.7	−16.29	1	0						
Z50-127	1.25	14388.42	51063.62	1.21	7	7	1.3					
Z50-127	1.25	14388.42	51063.62	−0.09	6	6	0.5	17.4	13.5	18.3	5.1	
Z50-127	1.25	14388.42	51063.62	−0.59	5	5	12.3					
Z50-127	1.25	14388.42	51063.62	−12.89	5	0						
Z50-130	1.2	14342.3	51053.98	0	7	7	1.8					
Z50-130	1.2	14342.3	51053.98	−1.8	5	5	0.8					
Z50-130	1.2	14342.3	51053.98	−2.6	4	4	11.9	20.9	7	17.4	3.1	82
Z50-130	1.2	14342.3	51053.98	−14.5	3	3	2.6					181
Z50-130	1.2	14342.3	51053.98	−17.1	2	2	1.2	17.4	13.5	18.3	5.1	
Z50-130	1.2	14342.3	51053.98	−18.3	2	0						
Z50-136	1.1	14406.78	51076.38	0	7	7	1.2					
Z50-136	1.1	14406.78	51076.38	−1.2	6	6	1.2	20.9	7	17.4	3.1	57
Z50-136	1.1	14406.78	51076.38	−2.4	5	5	2.6					

续附件

钻孔编号	地下水埋深（m）	MAPGIS:X	MAPGIS:Y	表层高程（m）	Material	Horizon	层厚（m）	内聚力 c(kPa)	内磨擦角 φ(°)	天然重度（kN/m^3）	压缩模量（MPa）	抗压强度（kPa）
Z50-136	1.1	14406.78	51076.38	−5	2	2	9	16.9	16.8	17.2	4	300
Z50-136	1.1	14406.78	51076.38	−14	2	0						
Z50-40	4.1	14392.18	51027.66	3.97	7	7	4					
Z50-40	4.1	14392.18	51027.66	−0.03	5	5	8.5					100
Z50-40	4.1	14392.18	51027.66	−8.53	3	3	5.8					
Z50-40	4.1	14392.18	51027.66	−14.33	2	2	1.1	17.4	13.5	18.3	5.1	
Z50-40	4.1	14392.18	51027.66	−15.43	1	1	7.1					
Z50-40	4.1	14392.18	51027.66	−22.53	1	0						
Z49-12	1.3	14167.46	51076.78	0	1	1	8.6					380
Z49-12	1.3	14167.46	51076.78	−8.6	1	0						
Z49-42	1.4	14273.9	51030.84	0	7	7	2.2					
Z49-42	1.4	14273.9	51030.84	−2.2	6	6	4.3	17.4	13.5	18.3	5.1	217
Z49-42	1.4	14273.9	51030.84	−6.5	5	5	4.3					
Z49-42	1.4	14273.9	51030.84	−10.8	5	0						
Z49-43	1.5	14281.18	51033.78	−0.1	6	6	7.8	17.3	24.9	18.4	5.7	113
Z49-43	1.5	14281.18	51033.78	−8	4	4	11.8	20.9	7	17.4	3.1	74
Z49-43	1.5	14281.18	51033.78	−19.8	3	3	0.7					
Z49-43	1.5	14281.18	51033.78	−20.5	3	0						
Z49-61	2.1	14233.24	51066.18	3.5	7	7	4.1					
Z49-61	2.1	14233.24	51066.18	−0.6	4	4	9	6.8	7.4	16.5	2.1	40
Z49-61	2.1	14233.24	51066.18	−9.6	2	2	3.3	16.9	16.8	17.2	4	280
Z49-61	2.1	14233.24	51066.18	−12.9	1	1	1.8					
Z49-61	2.1	14233.24	51066.18	−14.7	1	0						

续附件

钻孔编号	地下水埋深 (m)	MAPGIS:X	MAPGIS:Y	表层高程 (m)	Material	Horizon	层厚 (m)	内聚力 c(kPa)	内磨擦角 φ(°)	天然重度 (kN/m³)	压缩模量 (MPa)	抗压强度 (kPa)
Z49-87	2.1	14264.78	51038.98	3.3	7	7	2.1					
Z49-87	2.1	14264.78	51038.98	1.2	6	6	2.5	11.2	5.8	17.6	2.7	330
Z49-87	2.1	14264.78	51038.98	−1.3	5	5	6.7					100
Z49-87	2.1	14264.78	51038.98	−8	3	3	1.9					
Z49-87	2.1	14264.78	51038.98	−9.9	1	1	1.3					
Z49-87	2.1	14264.78	51038.98	−11.2	1	0						
Z49-118	0.7	14268.5	51074.7	0	7	7	1.2					
Z49-118	0.7	14268.5	51074.7	−1.2	6	6	5.4	17.4	13.5	18.3	5.1	307
Z49-118	0.7	14268.5	51074.7	−6.6	4	4	5.5	20.9	7	17.4	3.1	81
Z49-118	0.7	14268.5	51074.7	−12.1	1	1	1.8					313
Z49-118	0.7	14268.5	51074.7	−13.9	1	0						
Z49-145	1	14210.5	51055.42	0	7	7	1.1					
Z49-145	1	14210.5	51055.42	−1.1	6	6	11.7	17.4	13.5	18.3	5.1	175
Z49-145	1	14210.5	51055.42	−12.8	4	4	4.6	20.9	7	17.4	3.1	84
Z49-145	1	14210.5	51055.42	−17.4	1	1	1.4					
Z49-145	1	14210.5	51055.42	−18.8	1	0						
Z49-146	1.8	14177.38	51081.82	0	1	1	5.3	11.2	5.8	17.6	2.7	
Z49-146	1.8	14177.38	51081.82	−5.3	1	0						
Z49-148	1.6	14164.78	51041.42	13.56	1	1	15.8	17.4	13.5	18.3	5.1	168
Z49-148	1.6	14164.78	51041.42	−2.24	1	0						
Z49-158	1.5	14195.92	51069.02	0	1	1	3.5	17.4	13.5	18.3	5.1	219
Z49-158	1.5	14195.92	51069.02	−3.5	1	0						
Z49-37	1.6	14171.16	51033.52	0	7	7	1.3					

续附件

钻孔编号	地下水埋深 (m)	MAPGIS:X	MAPGIS:Y	表层高程 (m)	Material	Horizon	层厚 (m)	内聚力 c(kPa)	内磨擦角 φ(°)	天然重度 (kN/m^3)	压缩模量 (MPa)	抗压强度 (kPa)
Z49-37	1.6	14171.16	51033.52	−1.3	6	6	4.9	20.9	7	17.4	3.1	
Z49-37	1.6	14171.16	51033.52	−6.2	5	5	4					
Z49-37	1.6	14171.16	51033.52	−10.2	4	4	6.6	20.9	7	17.4	3.1	
Z49-37	1.6	14171.16	51033.52	−16.8	4	0						
Z49-15	0.6	14171.84	51057.22	0	1	1	2.5	11.2	5.8	17.6	2.7	
Z49-15	0.6	14171.84	51057.22	−2.5	1	0						

主要参考文献

白冰，刘祖德．动静结合排水固结法处理软基若干问题研究[J]．四川建筑科学研究，2000，(1)：39～42．
陈绍绪，王川华，刘素英．河北平原的地面沉降[J]．灾害学，1994，9(1)：48～53．
陈希哲．土力学地基基础[M]．北京：清华大学出版社，1998．
陈仲颐，周景星，王洪瑾．土力学[M]．北京：清华大学出版社，2000．
崔振东，唐益群，郭长青．叠层板状结构在非线性支承下的流固耦合振动[J]．西北地震学报，2007，29(2)：119～122．
费鲜芸，赵庚星，等．基于MAPGIS的山东省耕地变化空间分析[J]．山东农业大学学报，2003，34(04)：532～536．
高大钊．软土地基理论与实践[M]．北京：中国建筑工业出版社，1992．
广东省地质矿产局．广东省区域地质志[M]．北京：地质出版社，1988．
郭继武，赵超燮．房屋地基基础基本知识[M]．北京：中国工业出版社，1996．
何金辉．软土地基测试指标的实际应用[M]．北京：地质出版社，1997．
黄鼎成．论工程地质评价与地质体结构的级序性[R]．北京：中国科学地质研究所，1983．
黄熙龄，秦宝玖．地基基础的设计与计算[M]．北京：中国建筑工业出版社，1981．
黄镇国．珠江三角洲的形成发育演变[M]．广州：科普出版社广州分社，1982．
金问鲁．地基基础实用设计施工手册[M]．北京：中国建筑工业出版社，1995．
李建生．广州地区古海岸线的变迁[J]．海洋科学，1984，(4)：14～18．
李平日，黄镇国，张仲英，宗永强．广东东部晚更新世以来的海平面变化[J]．海洋学报，1987，9(2)：216～222．
李平日，乔彭年．珠江三角洲六千年来的发展模式[J]．泥沙研究，1982，(3)：33～42．
李平日，郑建生，方国祥．广州地区第四纪地质[M]．广州：华南理工大学出版社，1989．
李涛，潘云，娄华君，李波，王宏，邹立芝．人工神经网络在天津市区地面沉降预测中的应用[J]．地质通报，2005，24(7)：677～681．
李相然，姚志祥．城市岩土地基工程地质[M]．北京：中国建材工业出版社，2002．
李智毅，唐辉明．岩土工程勘察[M]．武汉：中国地质大学出版社，2006．
李中林．矿山岩体工程地质力学[M]．北京：冶金工业出版社，1987．
梁熙枫，王文科，曾永刚．GMS在水文地质结构可视化方面的应用[J]．东北水利水电，2006，9：64～72．
林图．地基基础设计[M]．武汉：华中理工大学出版社，1996．
刘昌辉，时红莲．基础工程学[M]．武汉：中国地质大学出版社，2005．
刘聪，袁晓军，朱锦旗．苏锡常地裂缝[M]．武汉：中国地质大学出版社，2004．
刘杜娟．中国沿海地区地面沉降的危害及防治对策[J]．海洋地质动态，2004，20(1)：1～6．
刘桂仪，张兴乐．黄河三角洲油气资源开发的环境地质问题与经济可持续发展[J]．上海地质，2001，(增刊)：94～96．
刘毅．地面沉降研究的新进展与面临的新问题[J]．地学前缘，2001，8(2)：273～278．
唐益群，崔振东，王兴汉，卢辰．密集高层建筑群的工程环境效应引起地面沉降初步研究[J]．西北地震学报，2007，29(2)：105～108．
田兴运．集中质量和均布质量相结合的底部剪力法[J]．工程建设与设计，2003，11：13～15．

王淼,陈晨,等. 基于钻孔数据和GMS的地层三维建模与可视化的研究[J]. 工程建设与设计,2007,11:72～74.

王协群,章宝华. 基础工程[M]. 北京:北京大学出版社,2006.

韦敏才. 土力学与地基基础[M]. 重庆:重庆大学出版社,1998.

魏汝龙. 软黏土的强度和变形[M]. 北京:人民交通出版社,1987.

吴邦颖. 软土地基处理[M]. 北京:中国铁道出版社,1995.

邢忠信,李和学,张熟. 沧州市地面沉降研究及防治对策[J]. 地质调查与研究,2004,27(3):157～163.

许乃政,姜月华,王敬东. 我国东南沿海地面沉降类型及其特点[J]. 灾害学,2005,20(4):67～72.

薛禹群,张云,叶淑君. 中国地面沉降需要解决的几个问题[J]. 第四纪研究,2003,23(6):585～593.

薛禹群. 关于加强对我国东部地区地面沉降问题与可持续发展对策研究的建议[C]. 科学发展报告. 北京:科学出版社,2004.

严礼川. 我国城市地面沉降概况[J]. 上海地质,1992,(1):40～48.

杨顺安. 软土理论与工程[M]. 北京:地质出版社,2000.

殷跃平,张作辰,张开军. 我国地面沉降现状与防治措施[J]. 中国地质灾害与防治学报,2005,16(2):128～132.

袁铭,周维尔. 苏州市地面沉降灾害及其成因分析[J]. 地质灾害与环境保护,2001,12(2):21～24.

张阿根,魏子新. 中国地面沉降[M]. 上海:上海科学技术出版社,2005.

张长生,张伯友,等. 天津市滨海新区工程地质适宜性研究[J]. 中山大学学报,2004,(43):212～216.

赵焕庭. 珠江三角洲的形成和发展[J]. 海洋学报,1982,4(5):595～607.

折学森. 软土地基沉降计算[M]. 北京:人民交通出版社,1998.

郑铣鑫,武强,侯艳声. 城市地面沉降研究进展及其发展趋势[J]. 地质评论,2002,48(6):612～618.

中国水利学会岩土力学专业委员会等. 软土地基学术讨论会论文选集[C]. 北京:水利出版社,1980.

中华人民共和国国家标准,国家建筑地基基础设计规范 GB50007—2002[S]. 北京:中国建筑工业出版社,2005.

朱建军. 环渤海地区地面沉降成因分析与对策研究[J]. 灾害学,2000,15(2):52～55.

Ao - Chang Yang, Pao - Shan Yu. Application of Fuzzy Multi - Objective Functionon Reducing Groundwater Demand for Aquaculture in Land - Subsidence Areas[J]. Water Resources Management, 2006, (20): 377～390.

Bertoldi G L. Where do we go from here: a new initiative for subsidence research in the United States[C], Annual Meeting of the symposium on land subsidence. California: Californiainstitute of technology press, 1995.

Chai J C, Shen S L, Zhu H H, *et al*.. Land subsidence due to groundwater draw down in Shanghai[J]. Geotechnique, 2004, 54(2): 143～147.

Chilingarian G V, Donaldson E C, Yen T F. Subsidence due to fluid withdrawal. Developments in Petroleum Science[M]. Amsterdam: Elsevier Science, 1995.

Delage P, Lefebvre G. Study of the structure of a sensitive champlain clay and of its evolution during consolidation[J]. Canadian Geotechnical Journal, 1984, 21: 21～35.

Gambolati G, Teatini P, Tomasi L, *et al*.. Coastline regression of the Romagna region, Italy, due to sea level rise and natural and anthropogenic land subsidence[J]. Water Resour. Res., 1999, 35(1): 163～184.

Hiroshi P S, Kaoru A, Osamu O. GPS - measured land subsidence in Ojiya city, Niigata Prefecture, Japan[J]. Engineering Geology, 2003, (67): 379～390.

Hix G L. Land subsidence and groundwater with drawal[J]. Water Well Journal, 1995, 49(11): 37～39.

Larson K J, Basagaoglu H, Marino M A. Predicition of optional safe groundwater yield and land subsidence in the Los Banos - Kettleman City area, California, using a calibrated numerical simulation model[J]. Journal of

Hydrology,2001,242(122):79～102.

Lebbe L. Land subsidence due to groundwater with drawal from the semi－confined aquifers of southwestern Flanders[J]. International Association of Hydrological Sciences,1995,234:47～54.

Miura N,Taesiri Y,Sakai A. Land subsidence and its influence to geotechnical aspect in Saga plain[C],Proceedings of the international symposium on shallow sea and low land,Saga,Japan: ILT,Saga University,1988.

Musavi Sm, Khamehchiyanm, Shamsai A. Land subsidencedue to groundwater with drawal[C]//International Water Resources Engineering Conference－Proceedings,After the rain has fallen. Tennessee: memphis Press,1998,75～80.

Nguyen T Q, Helm D C. Land subsidence due to groundwater with drawal in Hanoi[J]. International Association of Hydrological Sciences,1995,234:55～60.

Guerrero O,Rudolph D L,Cherry J A. Analysis of long－term Land subsidence nearmexico City: field investigations and predicativemodeling[J]. Water Resources Research,1999, 35(11):3 327～3 341.

Osipov J B,Sokolov B A. Quantitative Characteristics of clay fabrics using themethod ofmagnetic anisotropy [J]. Bulletin of the International Association of Engineering Geology,1972,5:23～38.

Osipov V I, Nikolaeva S K, Sokalov V N. Microstructural changes associated with thixotropic phenomena in clay soils[J]. Geotechnique,1984,34(2):293～303.

Teatini P,Ferronato M,Gambolati G,*et al.*. A century of land subsidence in Ravenna,Italy[J]. Environ. Geol. ,2005,(47):831～846.

Poland J F, Davis G H. Land subsidence due to with drawal of fluids[C]. In :man and his physical environment, Readings in environmental geology. New York: Burgess Publ. ,1972:77～90.

Hu R L,Yue Z Q,Wang L C,*et al.*. Review on current status and challenging issues of land subsidence in China[J]. Engineering Geology,2004,76:65～77.

Sun H,Grandstaff D,Shagam R. Land subsidence due to groundwater with drawal: Potential damage of subsidence and sea level rise in southern New Jersey,USA [J]. Environmental Geology,1999,37(4):290～296.

Sun H,Grandstaff D,Shagam R. Land subsidence due to groundwater with drawal: Potential damage of subsidence and sea level rise in southern New Jersey,USA[J]. Environmental Geology,1999,37(4):290～296.

Vallejo L E. Fractal analysis of granularmaterials[J]. Geotechnique,1995,45(1):159～163.

Yu Qun Xue,Yun Zhang,Shu Jun Ye,*et al.*. Land subsidence in China[J]. Environ. Geol. ,2005,(48):713～720.